农村脱贫产业技术指导教材
全国新型职业农民培育教材

# 苹果栽培技术

PINGGUO

主编　张永平

云南出版集团公司
云南科技出版社
·昆 明·

**图书在版编目（CIP）数据**

苹果／《农村脱贫产业技术指导教材　全国新型职业农民培育教材》编委会主编．--昆明：云南科技出版社，2018.3

农村脱贫产业技术指导教材　全国新型职业农民培育教材

ISBN 978－7－5416－7735－9

Ⅰ.①苹…　Ⅱ.①农…　Ⅲ.①苹果－果树园艺－教材
Ⅳ.①S661.1

中国版本图书馆 CIP 数据核字（2018）第 053607 号

**责任编辑：** 唐坤红
李凌雁
洪丽春
**封面设计：** 余仲勋
**责任校对：** 叶水金
**责任印制：** 翟　苑

云南出版集团公司
云南科技出版社出版发行
（昆明市环城西路 609 号云南新闻出版大楼　邮政编码：650034）
云南灵彩印务包装有限公司印刷　　全国新华书店经销
开本：850mm×1168mm　1/32　印张：3　字数：75 千字
2018 年 6 月第 1 版　　2018 年 6 月第 1 次印刷
定价：20.00 元

# 教材编写委员会


主　　任　李　晖

副 主 任　文　武　张振宇

主　　编　张永平

编写人员　李家鹏　施菊芬　张　桦

审　　定　李　晖

# 目录

## 苹果整形修剪篇

# 苹果整形修剪篇

## 一、果树整形修剪发展的趋势

（1）树形简化　由疏散分层形（3层，主枝上有侧枝）→五主枝半圆形（2层，主枝上有侧枝）→自由纺锤形（主枝不分层，主枝上直接安排结果枝组）→圆柱形（没有主枝，中心干上直接安排结果枝组）

疏散分层形

（2）树体矮小　由疏散分层形（8m×9m）→五主枝半圆形（4m×6m）→自由纺锤形（2m×4m）→圆柱形（1m×3m）

（3）灵活多变　大胆应用新的树形，如梨、桃应用“Y”字形，桃、枣、苹果用树篱形等，向着易于早期丰产方向发展。由过去强调树形、强调冬季修剪→强调生长季修剪，冬夏结合。

## 二、如何使苹果幼树早果、早丰产

（1）选择合适的树形，合理密植，是早丰产的首要任务。

（2）高标准栽植：选优良苗木，挖大坑、施足基肥，促进树冠早成形，为丰产奠定基础。

（3）促进成花早结果：加强生长季修剪，利用扭梢、拿枝、拉枝、环剥等加大枝条角度，控制营养生长，促进新梢成花。

（4）注意要配置培养结果枝组，使树立体结果。

## 三、如何提高苹果的品质

首先选择优良品种，确定合适的株行距，合理密植，再高标准栽植，促进幼树营养生长，加速树冠成形，在此基础上采取以下措施。

### 1. 加强土肥水管理

（1）增施有机肥可使树生长良好，可促进果实生长发育。

（2）生长后期增施磷、钾肥可促进果实着色，增加果实营养物质含量。

（3）补充微量元素肥料可以防治某些果实的生理病害。

（4）采用喷灌和滴灌技术，改善果园小气候，提高品质。

### 2. 整形修剪

（1）选择合适的树形

（2）采用促进成花的生长季修剪措施：扭梢、拿枝、拉枝、环剥等。

（3）改善光照条件：疏除过密枝，开张角度，控制好树高和冠幅。

### 3. 花果管理

（1）疏花疏果

（2）套袋、摘叶、转果

（3）地下铺反光膜

## 四、苹果常用修剪方法

### 1. 短截

剪去一年生枝的一部分。

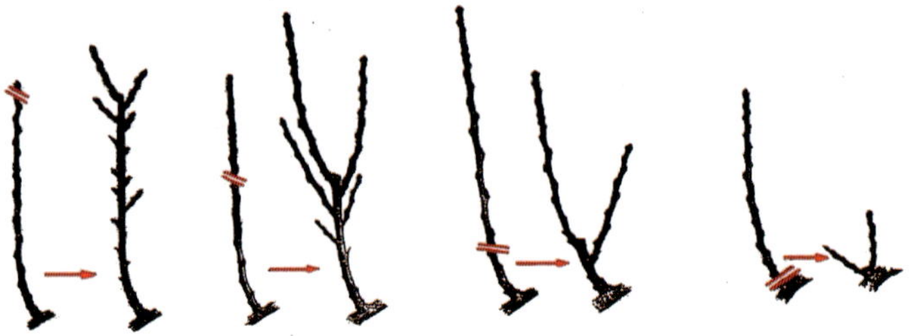

短截

（1）轻短剪：促生中短枝，促进成花；

（2）中短剪：促进营养生长，加速扩大树冠；

（3）重短剪：改变枝类，增加芽位；

（4）极重短剪：促生中短枝，培养枝组。

### 2. 缩剪

剪去多年生枝的一部分，也叫回缩。

缩剪作用：回缩的主要作用是复壮。

缩剪对象：冗长多年生缓放枝或结果枝组，及衰老树的骨干枝。

### 3. 疏剪

疏剪对象：病虫枝、干枯枝、无用的徒长枝、过密的

缩剪

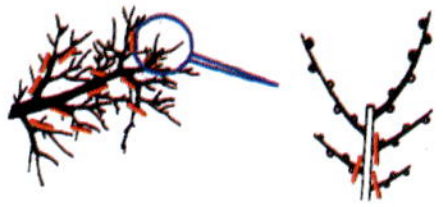

疏剪

交叉枝和重叠枝等。

主要作用：改善通风透光条件。对全树有削弱生长势的作用，就局部来讲，可削弱剪锯口以上附近枝的势力，增强剪锯口以下附近枝条的势力。

### 4. 长放

对枝条不修剪，也叫缓放。

长放作用：是缓和枝条生长势，增加中短枝数量，有利于营养物质的积累，促进幼旺树成花结果。

长放的对象：是中庸枝、斜生枝和水平枝。背上直立旺枝不能缓放，应采取拉枝或疏除等措施。

长放

### 5. 伤

人为对枝条造成伤口。

（1）环剥：是将枝干的韧皮部剥去一环。

环剥作用：抑制剥口上营养生长，促进成花。促进剥口下发枝。

（2）刻伤：促进芽萌发。

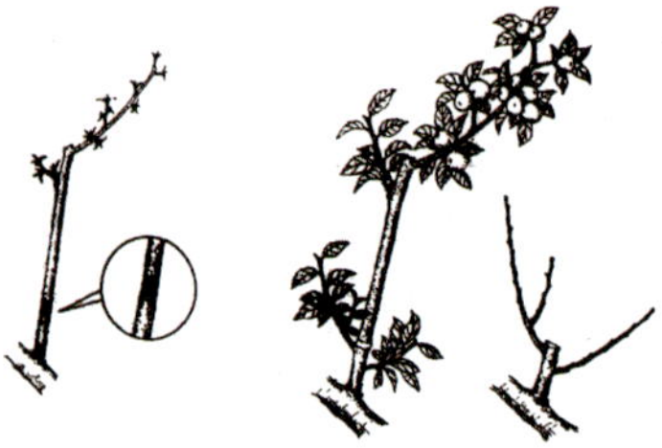
辅养枝环剥

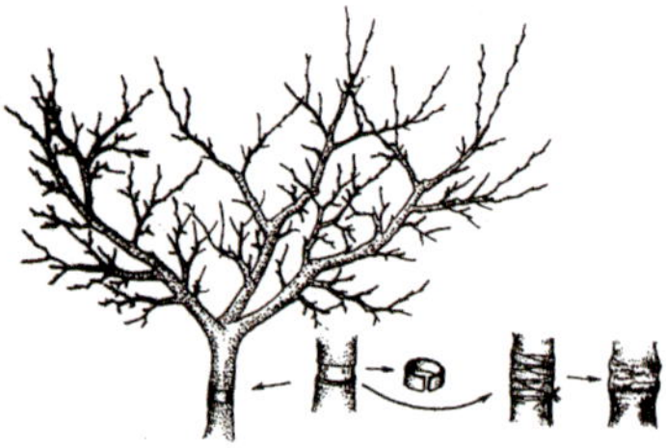
主干环剥

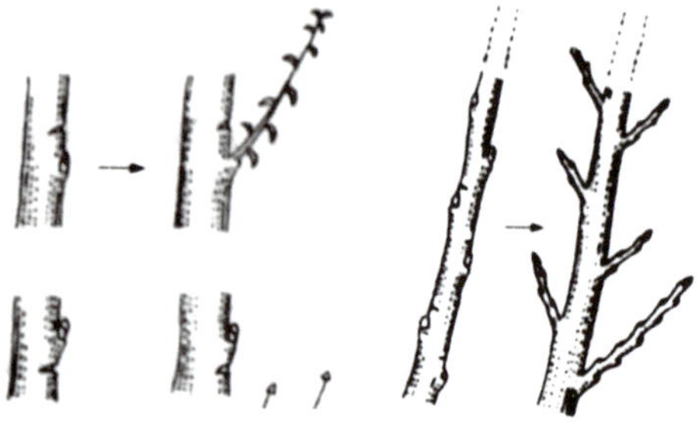
刻伤

## 6. 变

人为改变枝条方向。

（1）曲枝作用：抑制旺长，促进成花。

（2）圈枝作用：抑制旺长，促进成花。

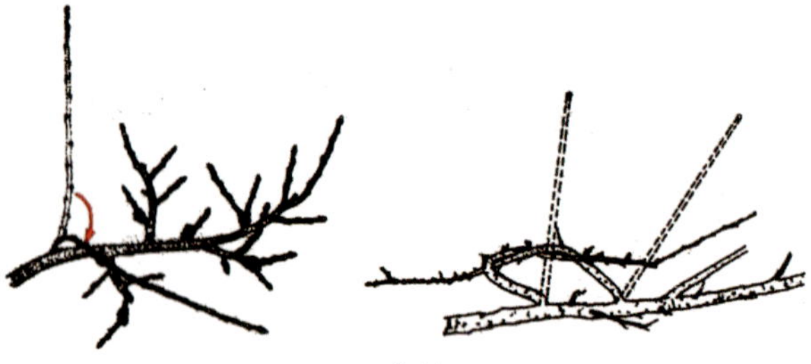
曲枝

（3）拉枝作用：开张角度，缓和长势。

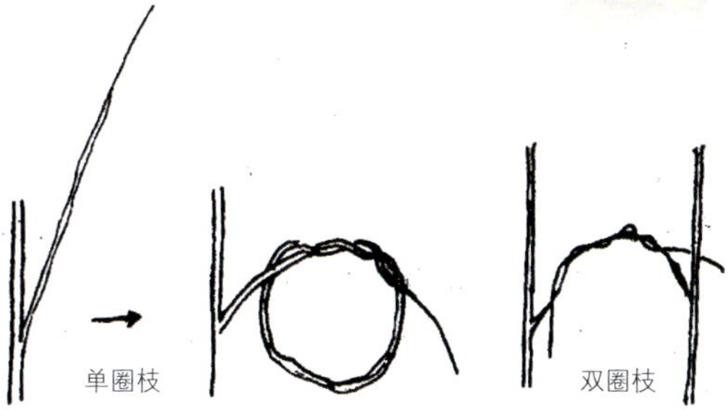


圈枝

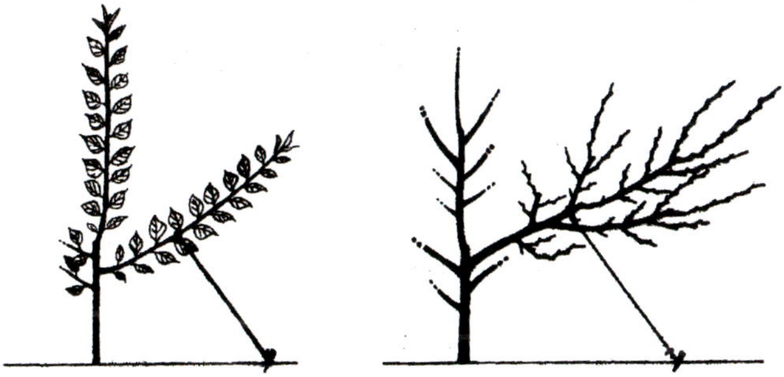

拉枝

## 7. 夏季修剪

（1）扭梢、拿枝：抑制旺长，促进成花。

扭梢

拿枝

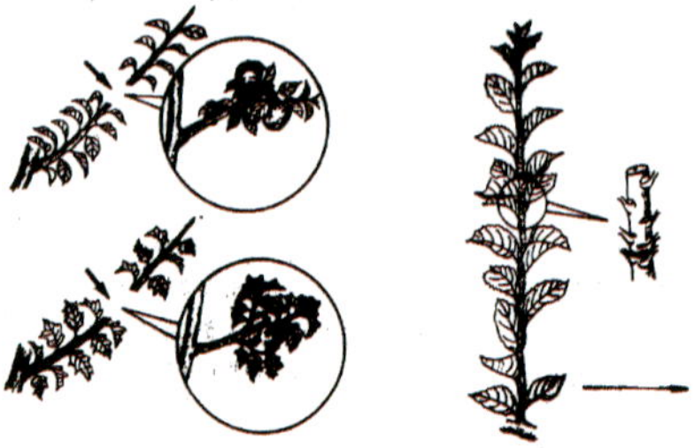

剪梢

摘心

疏梢

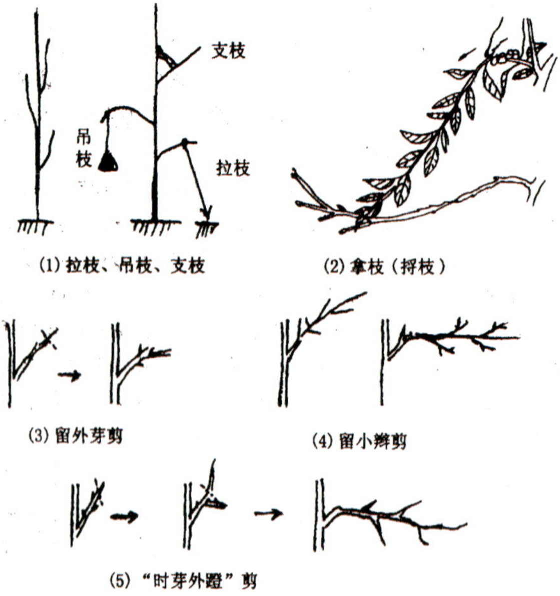


开张角度的方法

（2）剪梢：抑制旺枝，促生分枝。

（3）摘心：促进新梢秋季及时停长。

（4）疏梢：改善通风透光条件。

## 五、怎样调节树体长势不均

### 修剪

上强下弱：

上部：少短截，疏除直立强枝，减少枝叶量；多长放，长放枝条利用生长季修剪；扭梢、拿枝、拉平等改变生长方向，缓和生长，促进成花；加大枝条角度，促进成花，控制营养生长。

下部：多中截，少疏枝，增加生长点；少留花果；抬高枝条角度。

## 六、如何调节苹果大小年

大年：疏除长果枝的花芽，少短截，多长放，使多形成花芽，以芽换芽。

小年：尽量保留一切花芽，多短截，少长放，使少形成花芽，以枝换枝。

## 七、如何改善树体光照条件

（1）调整枝叶量，使叶面积指数在4～6范围内，过高时疏除过密枝条。

（2）调整骨干枝角度，角度小的用拉枝、背后枝换头等方法，开张角度，解决光照问题。

（3）控制树高，树高达树形要求后，及时落头开心，解决上部光照问题。

（4）控制好树冠，株间不交接，行间留足作业道，树冠达要求后，延长枝缩放结合。

## 八、幼树修剪

从苗木定植后到结果初期前为幼树期，苹果幼树期，树势旺，新梢生长量大。主要的修剪任务是选留和培养骨干枝，安排树体骨架迅速扩大树冠，同时要充分利用辅养枝缓和树势，促使其早结果、早丰产。因此修剪量要小，要贯彻因树修剪，随树整形、轻剪少疏、多留枝的修剪原则。

### 1. 培养好骨干枝，迅速扩大树冠

只有快长树，才能早结果、早丰产。快长树的前提是栽壮苗。定干后结合刻芽促萌，在1～2年内尽快地促发足够的枝条，以达到生产上的要求。根据整形的要求选留配备骨干（主、侧）枝，骨干枝要尽量长留，并选留壮芽，注意剪口下第3芽的方位，严格控制竞争枝、对竞争枝一般均应疏除。若要加以利用，应进行拿枝开角、环剥促其早结果，以便明确主从关系。当树冠基本达到要求大小时，对骨干延长枝缓放不截，促多发中、短枝，以结合树体长势，要注意防止主从不分，辅养枝要为骨干枝让路，这可通过夏季修剪，促其尽快结果来实现。

### 2. 轻剪长放，充分利用辅养枝

除对1～2年生的幼树进行短截促枝外，都要轻剪、少

疏、多留枝。这是促枝、缓势、促花、早果、早丰的根本。一般只对密挤的辅养枝进行适当的疏除，剩下的辅养枝缓放不剪，拉枝开角，给骨干枝让路，并进行夏剪促花，待结果后，根据具体情况进行疏、放、缩剪等及时处理。

### 3. 拉枝开角

拉枝开角时，要根据树形要求，分清骨干枝和辅养枝。辅养枝要拉至水平或下垂，骨干枝的角度要小于辅养枝。这样既有利于树体结构的培养又有利于树体的通风透光。注意：不要用背后枝换头，更不要用里芽外蹬，否则会引起枝条后部返旺，不利于缓势、成花、结果。

### 4. 培养好结果枝组

结果枝组是盛果期树丰产的基础，在幼树整形修剪过程中，一定要把枝组培养好。结果枝组的培养方法有两种：一种是先放后缩法，另一种是先截后放法。

## 九、苹果盛果期树的修剪

盛果期苹果树势趋于缓和，新梢生长量减少，树体生长与结果处于相对平衡状态。此时，如果管理不当，极易出现大小年结果现象。管理的重点应当是以地下土、肥水为主，在此基础上修剪主要解决以下三方面的问题：

### 1. 改善树体光照

无光不结果，良好的树体结构是解决光照的有效方法，具体做法如下：

（1）清层：即清理层间，加大层间距，引侧光入膛。在生长季，分层形树体的层间一般需达到50～60cm。由于幼树修剪时轻剪长放，留下的辅养枝较多，故进入盛果期后应及时清理。具体操作应注意：一是要分期、分批处理，一次不能处理过多，否则树体返旺，二是处理时应采取疏缩相结合的方法，不要一味疏除。

（2）开天窗：即落头开心。“开天窗，见阳光，内膛小枝闹嚷嚷”。落头开心前要做好落头准备，最上面的主枝角度基本固定后，粗度大于中心干时，在该主枝的上面中心干处的落头部位进行环剥，促使其上部成花，等结果2～3年后再进行落头。

2. 培养更新复壮枝组

苹果以2～3年生的结果母枝上的结果性能最好，4年生以后结果性能开始下降。因此，在更新时，要注意保留和培养2～3年部位的结果枝。另外，对于一些衰弱的结果枝组应及时进行缩剪，以复壮其长势；为此，剪口部位应留上枝上芽。使每个枝组在其应有空间内缩缩放放，反复更新结果，以保持枝组密度合理、长势中庸，维持较强的结果能力。

3. 调整适宜的花枝比例

对此期的苹果树修剪要精细，一般应进行“三套枝”修剪；使正常中庸枝或中庸枝的花芽、叶芽比例维持1∶3，弱树1∶4，强树1∶2。这种比例不一定在冬剪时一次到位，还要辅以夏剪加以调整。

# 施肥篇

## 一、苹果的营养特性

苹果是多年生的木本植物，有木本植物及自身的营养特点。

### 1. 不同树龄的苹果树需肥规律

（1）幼树

幼树生长以建立良好的根系结构，扩大树冠、搭好骨架为主。营养生长旺盛，需要的主要养分是氮和磷，氮肥应以氨态氮肥为主，辅以适量的磷肥。磷素对植物根系的生长发育具有良好的作用。养分需求量随着温度上升越来越大，7～8月份达到高峰，后期逐渐减少，施肥原则应是前期多后期少。

（2）成年树

成年树以结果为主，对养分的需求主要是氮和钾，由于果实的采收带走了大量的氮素和钾素等养分，若不能及时补充则将严重影响苹果来年的生长及产量。在保证氮肥用量的基础上，增加磷、钾肥的施用量，尤其要重视钾肥的施入，以提高果品质量，成年果树对养分的需求量从萌芽至采收一直是高且稳，施肥应是前期氮磷为主，钾为辅；中期磷钾为主，氮为辅；后期钾为主，磷为辅。

苹果的树体具有贮藏营养的特点：苹果树体内前一年贮藏营养的多少直接影响果树树体当年的营养状况，影响果树的花芽分化和生长发育，而当年贮藏营养物质的多少又直接影响果树下一年的生长和开花结果。

苹果树对氮肥需求较一般品种少，研究表明：苹果树冠生器官中氮素含量增长最快的时期是春季萌芽后的最初几周，也是新梢旺盛生长期。而此期的氮素供应主要来自于树体内的贮藏营养，这部分贮藏营养是果树在落叶前将叶片中的蛋白质等进行水解变为简单的含氮化合物转运到枝、树干、根的皮层中再合成贮藏蛋白质贮存起来，成为果树来年初期新梢生长的养分来源。因此芽萌发后的最初几周内苹果树营养生长的好坏主要取决于树体内贮藏氮素等营养元素的状况。秋季苹果在采收之后及时供给氮素等营养有助于促进来年的生长发育。苹果树萌芽前追施一定量的氮肥，并结合浇水、覆膜。在夏季及时于花前、花芽分化期、果实膨大期、进行追肥，每次施用量不可过大，注意在施用量较大时应全园撒施、适度深翻防止肥害。以促进秋梢的生长，恢复树势。秋季注意重施基肥，落叶前适度施一定量的氮肥，并轻施磷钾肥，以增加树体的储备，提高芽质，促进根系的生长，为恢复树势做充分准备。

苹果树对磷、钾肥需求量相对较多。结果期树氮、磷、钾比例一般为1∶1∶1.5；果实膨大期更不能偏施氮肥，而应增加磷、钾肥。此外，还需一定量的钙、硼、锰、锌、钼等微量元素，以保证苹果树的正常生长。8月份后终止施氮，可喷复合磷肥或单施钾肥。调查表明，8月份单施钾肥，果实着色好，而且大小年不显著。不同树龄的苹果树其需肥规律不同。苹果幼树以长树、扩大树冠、搭好骨架为主，以后逐步过渡到以结果为主。由于各时期的要求不同，因此苹果对养分的需求也各有不同。苹果幼树需要的主要养分是氮和磷，特别是磷素其对植物根系的生长发育具有良好的作用。建立良好的根系结构是苹果树冠结构良好、健壮生长的前提。成年果树对营养的需求主要是氮和钾，特别是由于果实的采收带走了大量的氮素和钾素等许多营养元素，若不能及时补充则将严重影响苹果来年的生长及产量。

苹果的花芽是在上一年的晚秋进行分化的，而果实的发育在当年完成，整个过程需要两年的时间，因此表现在营养方面需要注意苹果的营养生长和生殖生长的相互平衡以及营养生长和果实发育的平衡。此外，苹果的根系比较发达，且根系多集中在20cm以下，可吸收深层土壤中的水分和养分，为改善苹果的营养状况需注意深层土壤的改良与培肥。

## 二、苹果施肥技术

### 1. 多施有机肥

有机肥中不仅含有果树生长所需要的各种营养元素，

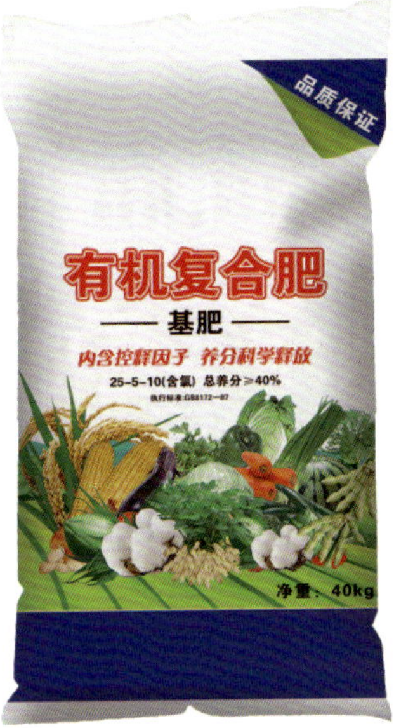

而且在其他许多方面均有良好的作用。

（1）有机肥中不仅含有苹果生长发育需要的各种必需营养元素，虽然含量与化学肥料相比偏低，但品种全，不仅含有果树生长需要的大量营养元素氮、磷、钾、钙、镁、硫等，还含有果树营养生长所需要微量元素如锌、铁、硼、锰等。对于协调各种养分元素的供应方面有十分重要的作用。

（2）有机肥可显著改善土壤的物理性质。试验表明：将有机肥与土壤混合后。有机肥中的有机质与土壤中的固体颗粒相互交接，可生成具有较好作用的土壤结构。团粒结构的形成可使土粒间的黏结力下降2~6倍，黏着力下降60%，增加了土壤空气含量提高根系的呼吸，可

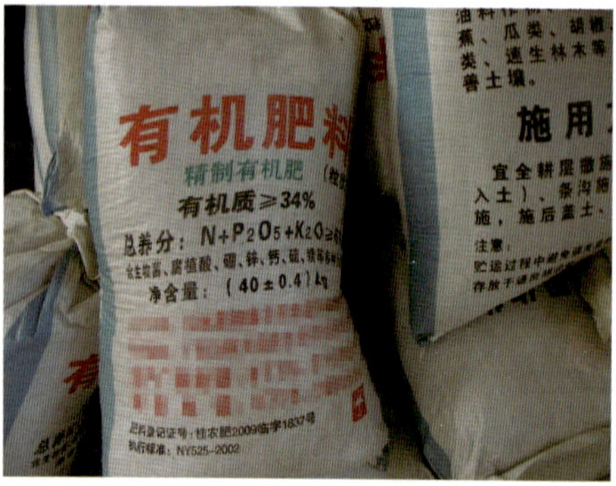


促进对养分的主动吸收；不仅使果园的农事操作较为省力，而且可大幅度地降低根系的生长阻力，有助于根系的延伸及对养分的吸收利用。同时较大的土壤孔隙能较好地渗吸降雨，将雨水转变为土壤水保存于土壤中不仅可防止水土流失，可减少灌溉次数。有机肥中所含的有机物质在分解过程中产生的许多分解物具有一定的生理活性，可刺激根系生长提高根系的吸收能力。

（3）有机肥可提高土壤对养分的缓冲能力，降低肥害，提高肥效。有机肥中的有机物质在分解过程中可产生大量的有机酸和腐殖酸类物质。这些酸性物质不仅能促进土壤中所含的磷、铁、锌等植物必需营养元素的释放，而且还可与施入的尿素、碳酸氢铵等结合，将其吸附于这些酸性物质的表面降低了土壤溶液中的铵离子的浓度，可防止大量施用铵态氮肥较易发生的根系铵中毒；同时减少了氮肥的挥发和淋溶损失。吸附固定的氮肥又可在苹果树的生长过程中不断地释放，均衡地供给果树吸收利用；不但提高了肥效，同时还协调了土壤的养分供应。

### 2. 氮肥要适量

氮是苹果树需要量较大的营养元素之一，每生产100kg果实约吸收0.3kg左右的纯氮。氮肥的使用对苹果的

产量均有很大的影响。在一定范围内适当多使氮肥，有增加枝叶数量，增强树势和提高产量的作用。但若施用氮肥过多，则会引起树梢徒长不仅引起座果率下降，产量降低，而且品质及耐储性均更差，容易导致苦痘病、红玉斑病、果锈等生理病害的发生。

一般情况下，幼龄树每株年施用氮肥的量以纯氮计0.25~0.50kg，初果树0.5~1.0kg，初盛果树为1.0~1.5kg，盛果树为1.5~2.0kg。施用时间和使用量依树势而定，对于旺长树，追施时间以5月下旬至6月上旬为宜。此时，春梢停止生长，适量追施铵态氮肥，有助于花芽的生理分化，同时配施一定量的磷、钾肥，另外一次在8月中下旬，秋梢停止生长时，在大量施用磷钾肥的基础上，适度补充氮肥，施用的氮肥量，应取上述量的下限，如施用的有机肥量较多，则可不施或延施氮肥（上述用量的1/4~1/5）。对于树势较弱的苹果树，应在旺长前追施氮肥，特别是硝态氮肥，在苹果树萌芽前追施一定量的氮肥，并结合浇水、覆膜，在夏季借雨勤追，以促进秋梢的生长，恢复树势。到秋天，在落叶前再适度追施一定量的氮肥，并轻施磷钾肥，以增加树体

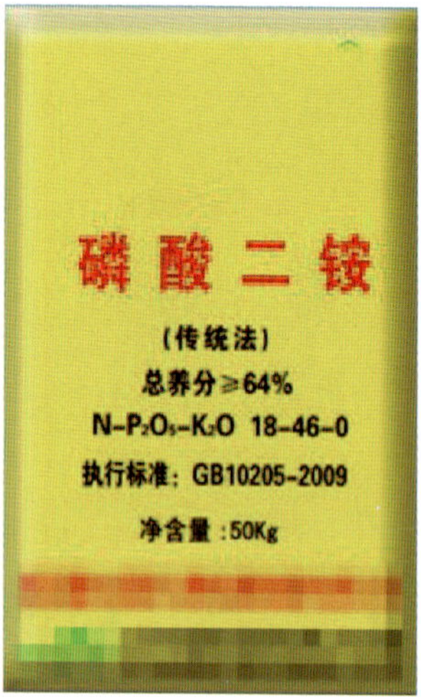


的储备，提高芽质，促进根系的生长，为恢复树势作充分准备。正常结果的壮树，一般在萌芽前追施氮肥，最好以硝态氮肥为主，适当配合施用铵态氮肥，以加速果实生长。同时注意在采果后及时补肥浇水，以协调营养，恢复树体，增加树内物质储备为来年作准备。

对于短枝型苹果树，由于多为密植，且早果性、丰产性较好，因此其需肥量较普通型为多。一般幼龄树每亩每年施用的氮肥量以纯氮计为6~12kg，磷肥的用量以五氧化二磷计每亩为10~14kg，钾肥的用量以氧化钾计每亩为3~6kg。成龄短枝型苹果树的年施用氮磷钾以纯养分计每亩为氮肥12~18kg、磷肥9~15kg、钾肥6~12kg。具体到每个果园还需要根据有机肥的施用量及土壤的肥力状况酌情调节。在施肥的时期方面，注意重施秋季基肥，及时于花前、果实膨大期、花芽分化期进行追肥，每次施用量不可过大，注意在施用量较大时应全园撒施、适度深翻防止肥害。

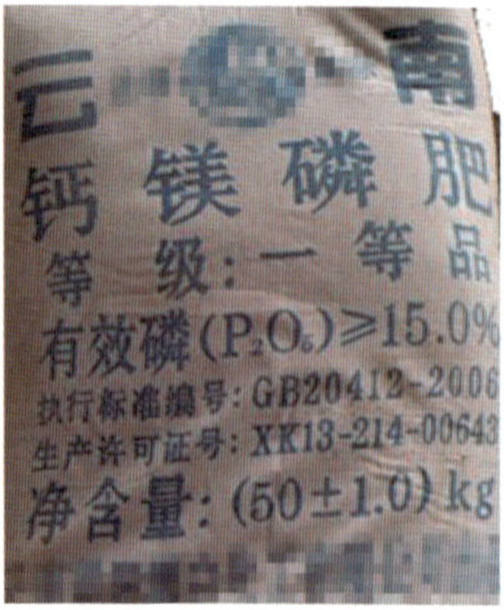


### 3. 补充磷钾肥

磷钾也是苹果树需要量

较大的营养元素，每生产100kg果实约吸收0.05~0.1kg的五氧化二磷，0.3kg的氧化钾。对结果的苹果树所做的试验表明，配施磷钾肥较单施氮肥的增高幅度在11.8%~177.8%。施用磷钾肥不仅能提高苹果的产量，还能促进根系的生长发育，增加叶片中的光合产物向茎、根、果等部位协同运输。同时磷肥有十分显著的诱根作用，将磷肥适度深施可促进根系向土壤深层伸展，能显著提高果树的抗旱能力，减少病害的发生。研究表明：苹果幼树和成年树对磷钾肥的需要量不同，一般幼树适量多施用一些磷肥，可明显促进果树的生长，其适宜的氮、磷、钾比例为：2∶2∶1或1∶2∶1，进入结果期之后，需适量增加氮肥的比例，其适宜的氮磷比例为：2∶1∶3或1∶0.5∶1，磷肥和钾肥主要作秋季秋梢停止生长后基肥（或秋追肥）施用，应占总施肥量的一半以上，其余部分可作为春梢停止生长时花芽分化期的促花肥和果实膨大期的促果肥。

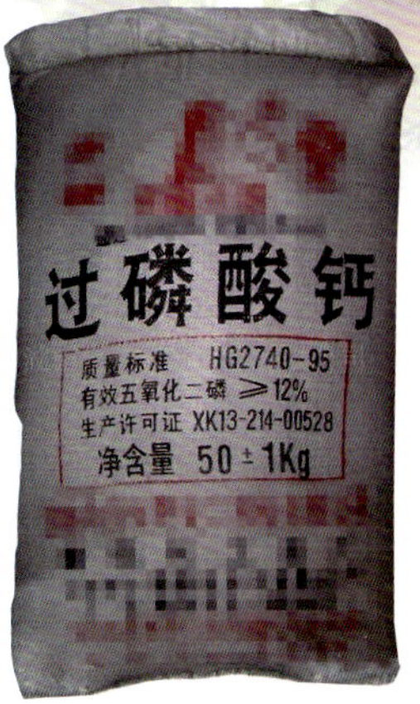


### 4. 合理施用硼、锌、铁等微量元素肥料

施用硼肥能显著降低苹果的未受精果率，提高苹果的坐果率和产量，对防治苹果缩果病效果十分显著。对于潜在缺硼和轻度缺硼的苹果树可于盛花期喷施一次浓度为0.3%~0.4%的硼砂水溶液。严重缺硼的土壤可于萌动前每株果树土施50~100g硼砂，再于盛花期喷施一次浓度为

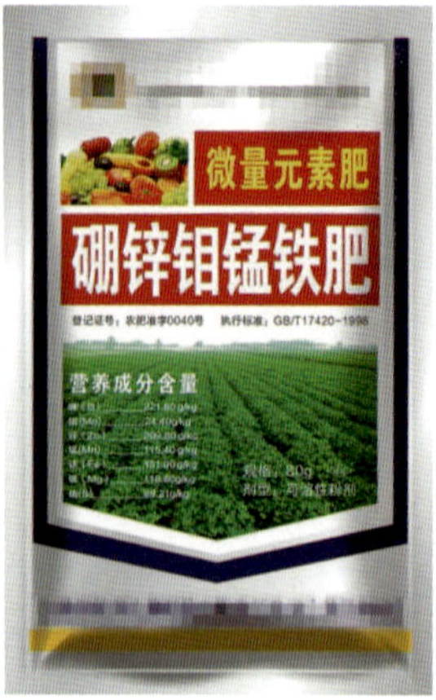


0.3%~0.4%的硼砂水溶液。

施用锌肥对矫治苹果树的小叶病效果较为显著，一般病枝恢复率达90%以上，提高坐果率15%以上，增产可达20%，且能够提高叶片中的氮磷钙等的含量水平。较为有效的喷施方法是用0.2%的硫酸锌与0.3%~0.5%的尿素混合液于发病后及时喷施，也可在春季苹果树发芽前用6%~8%的硫酸锌水溶液喷施能起到一定的预防作用。

对于苹果树的缺铁失绿黄化加以矫治，目前还没有十分有效的方法。常用的方法中效果最好的有：土壤多用“局部富铁法”，即将硫酸亚铁与饼肥（豆饼、花生饼、棉子饼）和硫酸铵按1．4：1的重量比混合，在果树萌芽前作基肥集中施入细根较多的土层中，根据果树的大小和黄化的程度每株果树的施用量控制在3~10kg。叶面直接喷施硫酸亚铁的效果比一般较差，应用黄腐酸铁与尿素的混合液喷施矫治黄化的效果较好，但有效期较短；也可应用硫酸亚铁与尿素的混合液喷市喷施的浓度为硫酸亚铁，效果略差，喷施的浓度为硫酸亚铁0.3%、尿素0.5%，在果树

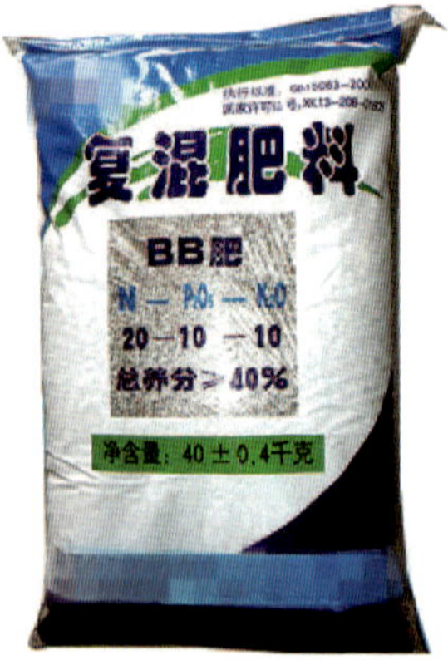

生长旺季每周喷施一次。

### 5. 施肥方法与时间

施肥一般分作基肥和追肥两种，具体时间因品种、需肥规律、树体生长结果状况而定。一般情况下，全年分4次施肥为宜：①花前肥或萌芽肥（3月上旬）。②花后肥（4月中旬）。这两次肥能有效地促进萌芽、开花并及时防止因开花消耗大量养分而产生脱肥，提高坐果率，促进新枝生长。③花芽分化和幼果膨大肥（5月底至6月上旬）。此次追肥是为了满足果实膨大、枝叶生长和花芽分化的需要。此次施肥以钾肥为主。④基肥。苹果树的施肥应以基肥为主。施入时期以秋季最佳（9月上中旬）。以农家肥为主施积肥时，磷素按全年总量全部施入，为了充分发挥肥效，磷肥要先与有机肥一起堆积腐熟，然后拌匀施用。它的作用是保证采收后到落叶前果树光合作用，提高营养积累，为下年果树生长发育打好基础。由于秋季是苹果树的根系快速生长期之一，施肥后的断根觉易伤口愈合，并且起到一定的根系修剪作用，促进了新根的萌发，有利于养分的吸收积累。具体的施肥方法以树的大小而定，树体较小时一般采用环状施肥，早熟的品种在果实采收后进行；中晚熟的品种可在果实采收前进行。施肥的位置以树冠的外围0.5~1.5m为宜，开宽20~40cm、深20~30cm的沟，将肥料

与土壤适度混合后施入沟内，再将沟填平。成年果树最好采用全园施肥，结合中耕将肥料翻入土中。由于果树的根系生长具有明显的向肥性，对于磷钾肥最好施入30~40cm深的土壤深层，以提高根系分布的深度和广度，增强果树的抗旱能力和树体固地性。

在这4次施肥的基础上，还要考虑配合叶面喷肥。7月份以前喷施0.3%～0.5%尿素液，7月份以后配喷0.3%～0.5%磷酸二氢钾或果树微肥。早熟的品种在果实采收后进行；中晚熟的品种可在果实采收前进行。

## 三、幼龄树施肥

一般幼树（1～3年生树）每年每亩施有机肥2500～3000kg；每株年施用氮肥的量以纯氮计0.25～0.50kg，短枝型苹果树由于密植，且早果性、丰产性较好，因此其需肥量较普通型为多。一般幼龄树每亩每年施用的氮肥量纯氮计为6~12kg，磷肥的用量$P_2O_5$/每亩为10~14kg，钾肥的用量以$K_2O$/每亩为3~6kg。幼树适量多施用一些磷肥，可明显促进果树的生长，其适宜的氮、磷、钾比例为：2∶2∶1或1∶2∶1，对于树势较弱的苹果树，应在旺长前追施氮肥，特别是硝态氮肥，

## 四、结果树施肥

初果期（4～7年生树）每亩施有机肥3300～4000kg；盛果期树（8年生以上）每亩施有机肥4000～5000kg。成龄短枝型苹果树的年施用氮磷钾以纯养分计每亩为氮

肥12~18kg、磷肥9~13kg、钾肥9~12kg，进入结果期之后，需适量增加氮肥的比例，其适宜的氮磷钾比例为：2：1：3或1：0.5：1，果实膨大期更不能偏施氮肥，而应增加磷、钾肥。此外，还需一定量的钙、硼、锰、锌、钼等微量元素，以保证苹果树的正常生长。施用时间和使用量依树势而定，对于旺长树，追施时间以5月下旬至6月上旬为宜。此时，春梢停止生长，适量追施铵态氮肥，有助于花芽的生理分化，同时配施一定量的磷、钾肥，另外一次在8月中下旬，秋梢停止生长时，在大量施用磷钾肥的基础上，适度补充氮肥，施用的氮肥量，应取上述量的下限，如施用的有机肥量较多，则可不施或减施氮肥（上述用量的1/4~1/5）。正常结果的壮树，一般在萌芽前追施氮肥，最好以硝态氮肥为主，适当配合施用铵态氮肥，以加速果实生长8月份后终止施氮，可喷复合磷肥或单施钾肥。

成年苹果树配方施肥推荐卡（中晚熟）　单位：kg/亩

| 基肥推荐方案 | | | | | |
|---|---|---|---|---|---|
| 方案1 | | 方案2 | | 方案3 | |
| 品种 | 用量 | 品种 | 用量 | 品种 | 用量 |
| 有机肥 | 3500 | 有机肥 | 3500 | 有机肥 | 3500 |
| 或商品有机肥 | 500 | 或商品有机肥 | 500 | 或商品有机肥 | 500 |
| 磷酸二铵 | 21.7 | 普钙 | 62.5 | 45%复混肥 | 44.9 |
| 尿素 | 0.6 | 尿素 | 9.1 | 40%复混肥 | 50.5 |
| 或硫铵 | 1.4 | 或硫铵 | 20.9 | 30%复混肥 | 67.3 |
| 或碳铵 | 1.6 | 或碳铵 | 24.6 | 25%复混肥 | 80.8 |
| 硫酸钾 | 12.0 | 硫酸钾 | 12.0 | | |
| 或氯化钾 | 14.4 | 或氯化钾 | 14.4 | | |

| 追肥推荐方案 | | | | | | | |
|---|---|---|---|---|---|---|---|
| 方案一 | | | | 方案二 | | | |
| 品种 | 盛瓜期追肥3次（每次用量） | | | 品种 | 盛瓜期追肥3次（每次用量） | | |
| 尿素 | 11.0 | 9.1 | 11.0 | 45%复混肥 | 20.5 | 27.4 | 20.5 |
| 或硫铵 | 25.3 | 20.9 | 25.3 | 40%复混肥 | 23.1 | 30.8 | 23.1 |
| 或碳铵 | 29.7 | 24.6 | 29.7 | 30%复混肥 | 30.8 | 41.1 | 30.8 |
| 硫酸钾 | | 16.0 | 12.0 | 25%复混肥 | 37.0 | 49.3 | 37.0 |
| 或氯化钾 | | 19.2 | 14.4 | | | | |

成年桃树配方施肥推荐卡（中晚熟）　单位：kg/亩

| 基肥推荐方案 | | | | | |
|---|---|---|---|---|---|
| 方案1 | | 方案2 | | 方案3 | |
| 品种 | 用量 | 品种 | 用量 | 品种 | 用量 |
| 有机肥 | 3500 | 有机肥 | 3500 | 有机肥 | 3500 |
| 或商品有机肥 | 500 | 或商品有机肥 | 500 | 或商品有机肥 | 500 |
| 磷酸二铵 | 22.2 | 普钙 | 63.8 | 45%复混肥 | 53.5 |
| 尿素 | 1.1 | 尿素 | 9.8 | 40%复混肥 | 49.0 |
| 或硫铵 | 2.5 | 或硫铵 | 22.5 | 30%复混肥 | 65.3 |
| 或碳铵 | 3.0 | 或碳铵 | 26.5 | 25%复混肥 | 78.3 |
| 硫酸钾 | 11.8 | 硫酸钾 | 11.8 | | |
| 或氯化钾 | 14.2 | 或氯化钾 | 14.2 | | |

| 追肥推荐方案 | | | | | | | |
|---|---|---|---|---|---|---|---|
| 方案一 | | | | 方案二 | | | |
| 品种 | 盛瓜期追肥3次（每次用量） | | | 品种 | 盛瓜期追肥3次（每次用量） | | |
| 尿素 | 14.7 | 9.8 | 14.7 | 45%复混肥 | 17.5 | 17.5 | 34.9 |
| 或硫铵 | 33.8 | 22.5 | 33.8 | 40%复混肥 | 12.3 | 19.7 | 39.3 |
| 或碳铵 | 39.7 | 26.5 | 39.7 | 30%复混肥 | 26.2 | 26.2 | 52.4 |
| 硫酸钾 | | 15.7 | 11.8 | 25%复混肥 | 31.4 | 31.4 | 62.9 |
| 或氯化钾 | | 18.8 | 14.2 | | | | |

成年葡萄树配方施肥推荐卡（中晚熟）　单位：kg/亩

| 基肥推荐方案 | | | | | |
|---|---|---|---|---|---|
| 方案1 | | 方案2 | | 方案3 | |
| 品种 | 用量 | 品种 | 用量 | 品种 | 用量 |
| 有机肥 | 3500 | 有机肥 | 3500 | 有机肥 | 3500 |
| 或商品有机肥 | 500 | 或商品有机肥 | 500 | 或商品有机肥 | 500 |
| 磷酸二铵 | 22.2 | 普钙 | 63.8 | 45%复混肥 | 44.7 |
| 尿素 | 0.9 | 尿素 | 9.6 | 40%复混肥 | 50.3 |
| 或硫铵 | 2.1 | 或硫铵 | 22.1 | 30%复混肥 | 67.1 |
| 或碳铵 | 2.4 | 或碳铵 | 25.9 | 25%复混肥 | 80.5 |
| 硫酸钾 | 11.0 | 硫酸钾 | 11.0 | | |
| 或氯化钾 | 13.2 | 或氯化钾 | 13.2 | | |

| 追肥推荐方案 | | | | | | | |
|---|---|---|---|---|---|---|---|
| 方案一 | | | | 方案二 | | | |
| 品种 | 盛瓜期追肥3次（每次用量） | | | 品种 | 盛瓜期追肥3次（每次用量） | | |
| 尿素 | 14.3 | 9.6 | 14.3 | 45%复混肥 | 20.3 | 27.1 | 20.3 |
| 或硫铵 | 32.9 | 22.1 | 32.9 | 40%复混肥 | 22.9 | 30.5 | 22.9 |
| 或碳铵 | 38.6 | 25.9 | 38.6 | 30%复混肥 | 30.5 | 40.6 | 30.5 |
| 硫酸钾 | | 14.7 | 11.0 | 25%复混肥 | 18.3 | 18.3 | 36.6 |
| 或氯化钾 | | 17.6 | 13.2 | | | | |

# 病虫害防治篇

# 苹果虫害

## 一、梨小食心虫

又名梨小蛀果蛾、梨姬食心虫、桃折梢虫、东方蛀果蛾，简称梨小。寄主有苹果、梨、桃、李、杏、樱桃、沙果、山楂、山荆子、枣、海棠、木瓜、枇杷等。

### 1. 为害特点

幼虫为害梨果多从萼、梗凹处蛀入，早期被害果蛀孔外有虫粪排出，晚期被害多无虫粪。幼虫蛀入直达果心，高温情况下蛀孔周围常变黑腐烂渐扩大，俗称黑膏药。苹果蛀孔周围不变黑。李幼果被害易脱落，李果稍大受害不脱落，蛀食桃李杏多为害果核附近果肉。幼虫还为害苹果、桃、李等嫩稍，多从上部叶柄基部蛀入髓部，向下蛀至木质化处便转移，蛀孔流胶并有虫粪，被害嫩梢渐枯萎，俗称折梢。

### 2. 防治方法

（1）果树休眠期刮除老皮、翘皮进行处理或幼虫脱果越冬前进行树干束草诱集幼虫越冬，于来春出蛰前取下束草烧毁。

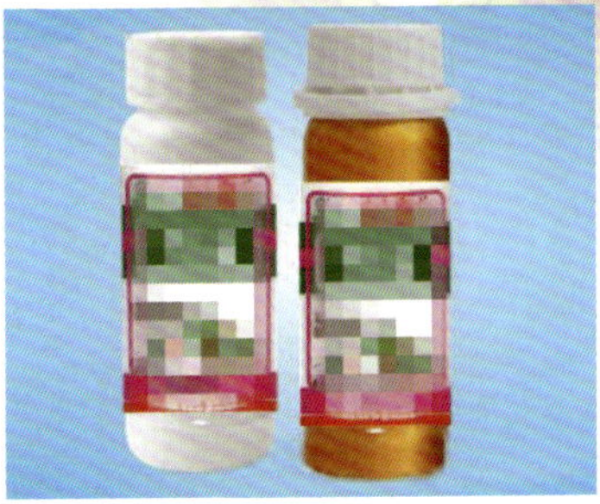

（2）春夏季及时剪除桃树被蛀梢端萎蔫而未变枯的折梢及时处理。

（3）受害严重有条件的果园进行套袋。

（4）药剂防治，所用药剂有：30%桃小灵1500～2000倍液，20%速灭杀丁1000～1500倍液，2.5%功夫菊酯1500～2000倍液，1.8%阿维虫清2500～3000倍液，25%灭幼脲3号2000～2500倍液，35%赛丹2000倍液，一般需根据虫情树上施药2～3次，间隔期15天左右。此外新建果园应力求避免桃、杏、梨等混栽。

## 二、桃小食心虫

桃小食心虫学名鳞翅目，蛀果蛾科。别名桃小实虫、桃蛀虫、桃小食蛾、桃姬食心虫等，简称桃小。寄主苹果、花红、海棠、梨、山楂、榅桲、桃、李、杏、枣、木瓜等。

### 1. 为害特点

为害苹果、梨、枣较严重。为害苹果等仁果幼虫多由果实胴部蛀入，蛀孔流出泪珠状果胶，俗称淌眼泪，不久干涸呈白色蜡质粉末，蛀孔愈合成一小黑点略凹陷。幼虫入果常直达果心，并在果肉中乱串，排粪于隧道中，俗称豆沙馅，没有充分膨大的幼果受害多呈畸形、俗称猴头果。为害枣、桃、山楂等多在果核周围蛀食果肉，排粪于其中。被害果品质降低，有的脱落，严重者不能食用，失去经济价值。

### 2. 防治方法

对此虫防治欲得最佳效果，关键是做好测报工作，采取树下防治为主，树上防治为辅，人工与药剂防治相结合的策略。

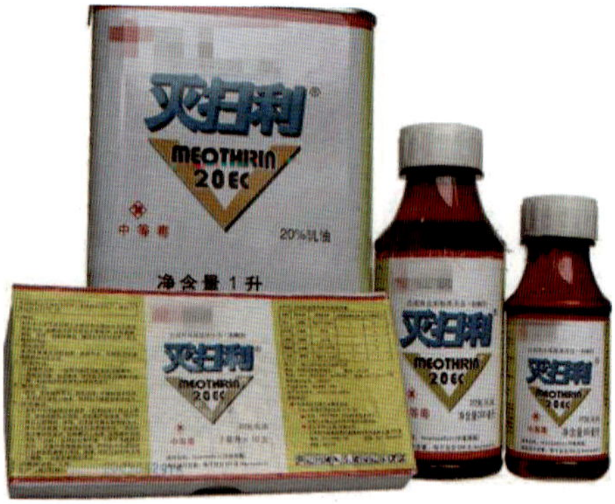


（1）有条件的地区可进行果实套袋，于产卵前套完，9月上旬去袋，可防治多种食果害虫，获得无农药果实（绿色食品）。

（2）越冬幼虫出土盛期后，在树冠下培土6～9cm，或树冠下覆盖地膜，防止成虫出土。

（3）药剂处理土壤。每次用3%特丁硫磷颗粒剂或5%毒死蜱颗粒剂或50%辛硫磷乳油，0.8～1kg，加水50～90倍均匀喷于树冠下。或50%辛硫磷乳油加水5倍拌300倍的细土成毒土，撒于树冠下，能取到较好效果，但辛硫磷施用后应即时耙土以防光解。根据此虫发生轻重，施药1～2次，间隔一月，可基本控制为害，特别是在幼虫出土期间如遇天降透雨或灌水后2～3天施药，效果尤佳。此外也可使用50%地亚农乳油亩用0.5～0.8kg，或2.5%敌杀死或20%速灭杀丁乳油等亩用0.3～0.5kg，喷洒地面均有良效，但残效期短。上年虫果率在5%以下果园，不必进行土壤处理。

（4）树上施药，一般一次查卵，卵果率达1%～2%时施药。常用药剂有：48%毒死蜱乳油1000～2000倍液、10%天王星乳油6000～8000倍液、30%桃小灵乳油2000～2500倍液、20%甲氰菊酯乳油2000～3000倍液、95%巴丹可溶性粉3000倍液、20%灭扫利乳油3000～5000倍液、2.5%功夫乳油2500～3000倍液、2.5%敌杀死乳油3000～4000倍液，以及其他菊酯类药剂及菊酯与有机磷剂的复配剂等。但同时有螨类发生则以用功夫或灭扫利两种菊酯药剂为好。此外应注意处理堆果场所等园外越冬幼虫。

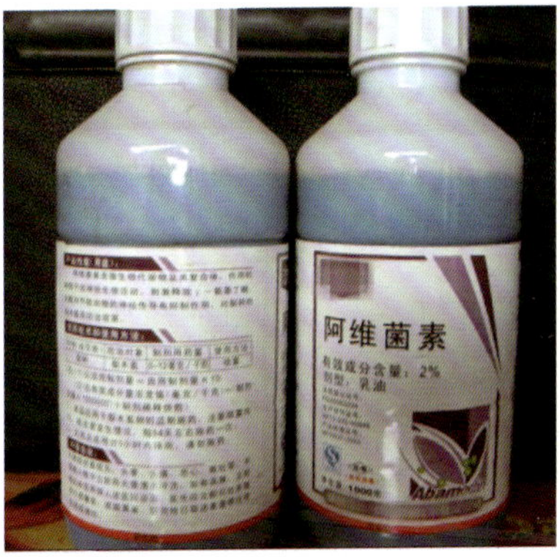

## 三、苹果蠹蛾：又名苹果小卷蛾

### 1. 为害特点

幼虫多从基部蛀入，深达果心食害种子，也蛀食果肉。随虫龄增长，蛀孔不断扩大，虫粪排至果外，有时成串挂在果上，造成大量落果。

### 2. 防治方法

为保护利用天敌，应使用选择性农药灭幼脲类。25%来幼脲3号5000～6000倍液，对2～3龄幼虫的防治效果可达95%以上。也可用20%灭扫利乳油3000～5000倍液、2.5%功夫乳油2500～3000倍液、2.5%敌杀死乳油3000～4000倍液等，并强调执行从发生此虫地区调运的果实及包装物，进行严格检疫制度。

## 四、白星花金龟

又名白星花潜、白星花金龟子、白纹铜花金龟。

### 1. 为害特点

主要以成虫食幼叶、芽、花及果实。幼虫为腐食性，一般不为害植物。

### 2. 防治方法

（1）利用成虫的假死性和趋化性，于清早或傍晚，震树，捕杀成虫；也可用40～50cm长的竹筒，或酒瓶等小口容器内盛腐熟的果实2～3个，加少许糖蜜，将竹筒等与枝干相贴挂于树上，诱集成虫，于午后3～4时收集杀死。

（2）结合秸秆沤肥翻粪和清除鸡粪捡拾幼虫和蛹。

（3）药剂防治成虫，此虫一般不需单独施用药剂防治，在防治食叶和一些食果害虫时，可收兼治之效。

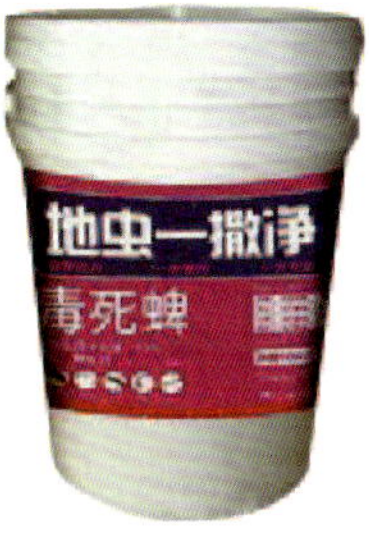

## 五、棉铃虫

又名棉桃虫、钻心虫、青虫、棉铃实夜蛾等。

### 1. 为害特点

幼虫食嫩梢和幼叶呈孔洞和缺刻，蛀果呈大孔洞，常引起腐烂脱落。

### 2. 防治方法

（1）搞好预测预报。

（2）农业防治。果园内不要种植棉花、番茄等易诱其产卵的农作物，以减少产卵量。

（3）生物防治。在2代棉铃虫产卵高峰后3～4天及6～8天，连续喷射2次细菌性杀虫剂，如BT乳剂、HD-1苏云金芽孢杆菌制剂或棉铃虫核型多角体病毒。

（4）利用高压汞灯或黑光灯诱杀或杨树枝把诱蛾。

（5）抓住孵化盛期至2龄幼虫尚未蛀入果内时，喷射48%毒死蜱乳油1000～2000倍液、2%甲维盐乳油2000倍液、25%灭铃王乳油2000倍液、26%抗铃净乳油1000倍液、21%灭杀毙(增效氰马)乳油4000倍液、2.5%功夫(氯氟氰菊酯)乳油5000倍液、2.5%天王星(联苯菊酯)乳油3000倍液、20%甲氰菊酯乳油2000倍液、30%杀虫威乳油1000倍液等。对棉铃虫已产生抗性地区可喷射30%灭铃灵乳油2000～3000倍液。控制棉铃虫为害果树的关键，在于全面控制其他主要寄主上的为害，以控制果园的虫源。必要时可选用25%杀虫双或20%氰戊菊酯、2.5%功夫乳油等杀虫剂。

## 六、蝽类

主要有斑须蝽、麻皮蝽、梨蝽、梨花网蝽等，本书主讲斑须蝽。

斑须蝽别名细毛蝽、臭大姐、黄褐蝽、斑角蝽、节须蚊。

### 1. 为害特点

以成虫、若虫吸取寄主植物汁液，造成落蕾、落花，茎叶被害后，出现黄褐色斑点，严重时叶片卷曲，嫩茎凋谢，影响生长，减产减收。

### 2. 防治方法

（1）及时冬耕和清理菜地，消灭部分越冬成虫。

（2）在田间发现卵块应及时摘除。

（3）使用灭杀毙乳油4000倍液喷雾防治，或用2.5%保得乳油3000倍液喷雾防治，或用50%辛氰乳油3000倍液喷雾防治，或用20%增效氯氰乳油3000倍液喷雾防治，或用功夫菊酯乳油3000倍液喷雾防治。

## 七、木虱类

主要有梨木虱、中国梨木虱、辽梨木虱等，本书主讲

中国梨木虱。

### 1. 为害特点

成虫、若虫刺吸芽、叶嫩梢汁液；叶片受害出现褐斑，严重时全叶变褐早落。排泄蜜露诱致煤病发生，污染果面，影响品质。

### 2. 防治方法

①休眠期彻底清除树上与树下残枝、残叶及落地枝叶杂草，集中烧毁。②早春刮除老树皮，消灭越冬成虫。③药剂防治。关键是于中国梨木虱越冬成虫出蛰盛期末大量产卵前进行药剂防治。主要为常用的有机磷、菊酯类药剂以及多种复配剂：55%镖诺（毒·吡）可湿性粉剂2000倍液、30%桃小灵乳油2500倍液、50%辛氰乳油1500倍液、20%双甲脒乳油1500倍液、2.5%高效氯氰菊酯乳油2000倍液，20%敌虫菊酯乳剂3000～4000倍液、20%螨克乳油2000倍液，第一次也可用5%来福灵乳油3000倍液或20%啶虫咪可湿性粉剂4000倍液。

## 八、蚜虫类

主要有绣线菊蚜、苹果瘤蚜、梨大绿蚜等，本书主讲绣线菊蚜。

绣线菊蚜又名苹果黄蚜、苹叶蚜虫。寄主有苹果、海棠、梨、木瓜、桃、李、山楂、绣线菊、柑橘、杏、枇杷、樱桃等。

### 1. 为害特点

成虫、若虫刺吸叶和枝梢的汁液，叶片被害后向背面横卷，影响新梢生长及树体发育。

### 2. 防治方法

（1）结合夏剪，剪除被害枝梢。并保护天敌。

（2）早春发芽前喷5度石硫合剂杀卵。

（3）喷洒药液，越冬卵孵化后及为害期，及时喷洒20%啶虫脒可湿性粉剂10000倍液，55%镖诺（毒·吡）可湿性粉剂2000倍液，30%桃小灵乳油2500倍液或50%抗蚜威（辟蚜雾）超微可湿性粉剂2000倍液、40%乐果乳油1000倍液、50%灭蚜松（灭蚜灵）乳油1000～1500倍液、10%氯氰菊酯乳油3000倍液、2.5%功夫乳油3000倍液。

（4）药液涂干。在蚜虫初发时，用毛刷蘸药在树干上部或主枝基部涂6cm宽的药环，涂后用塑料膜包扎，可选用40%乐果20～50倍液或48%吡虫啉乳油50倍液。

（5）提倡使用蚜霉菌400～500倍液，掌握在蚜虫高峰前选晴天喷洒均匀。

（6）试用注干法。用水泥钢钉由上向下呈45度角扎孔后，逐株注入长效注干剂。用量：先量树干0.8m高度胸围，然后换算树干直径，每厘米直径用药 0.5mL。或以同

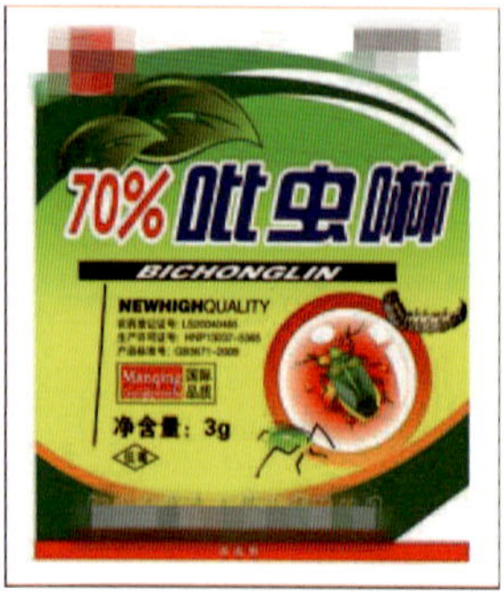

样方法注入40%乐果、20%啶虫脒等内吸药剂加水稀释20～30倍液，依树株大小适量注入。用药量不宜过大，以免造成落叶或药害。

## 九、螨类

主要有苹果全爪螨和二斑叶螨，本书主讲苹果全爪螨。

苹果全爪螨又名苹果红蜘蛛。

### 1. 为害特点

成螨、若螨、幼螨刺吸芽、叶、果的汁液。叶受害后，呈现失绿小斑点，逐渐扩大连片。严重时全叶苍白枯焦早落，常造成二次发芽开花，削弱树势，既影响当年产量，又影响来年产量。

### 2. 防治方法

（1）掌握好红蜘蛛的防治指标

在前期越冬卵孵化到50%～80%时，就应及时进行药剂防治。在中后期有红蜘蛛的树叶率在30%以上，每片叶上平均有虫1～2头时就应进行防治。

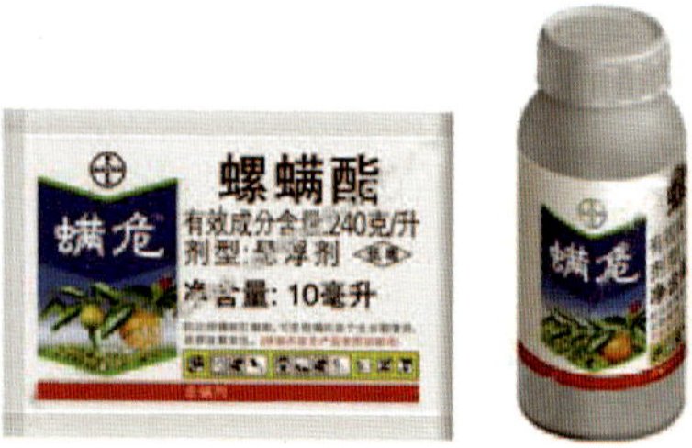


（2）把握防治的关键时期

根据红蜘蛛的为害规律，一年中有三个关键防治时期。第一次关键防治时期是在苹果花序分离期，第二次防治关键时期在第一代卵孵化盛期，此时正是苹果落花一周左右，第三次防治的关键时期是在各世代重叠发生时期。

（3）综合防治措施

根据红蜘蛛为害特点，要及早进行防治，并做好花前、花后的化学防治，压低虫口密度，以减少后期的发生量。

①果树发芽前的防治：在红蜘蛛虫口密度很大的果园，应在冬春季节及时刮去翘起的树皮，或用粗布、毛刷子等工具消灭树皮内越冬的成虫或卵。也可在果树发芽前喷施3～5度石硫合剂，对防治红蜘蛛的越冬卵有较好的效果。

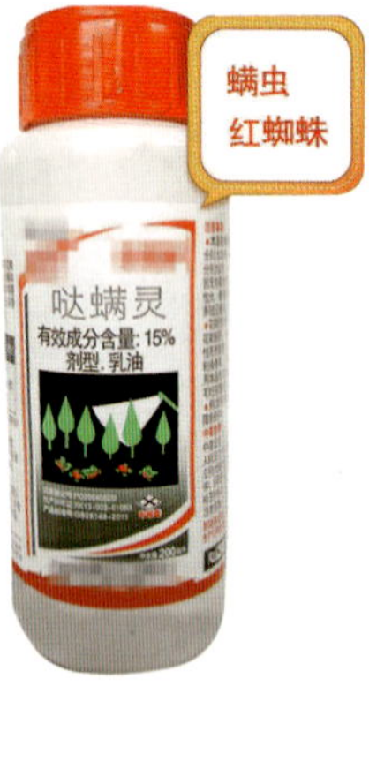


②果树发芽后的防治：用0.5～1波美度的石硫合剂与“枝杆净”混配后进行喷雾，可以有效防治。

③盛花期后的防治：此时是红蜘蛛成虫产卵及幼虫孵化期，或者成虫、若虫、卵交错发生期。可用20%螨死净可湿性粉剂2000倍液，15%哒螨灵乳油2000倍液，1.8%齐螨素乳油6000～8000倍液，20%三唑锡乳油3000倍液，15%的扫螨净乳油3000～4000倍液与2.8%的高渗阿维菌素6000～8000倍液混配均匀后喷施，效果较好。

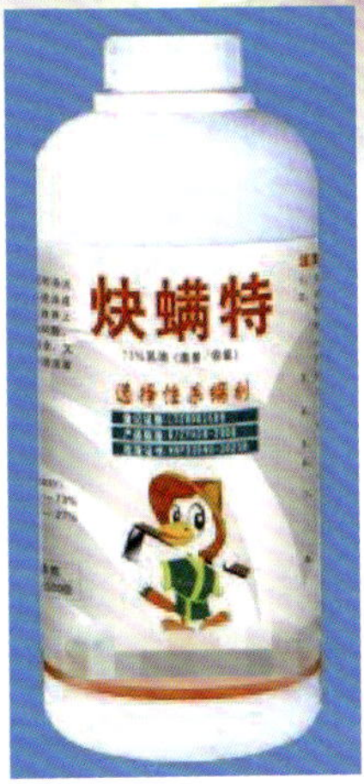


④加强人工防治：在9月份以前，可以在苹果树干上绑软布条诱杀越冬雌成虫。冬春季要细致地刮去苹果树的老皮。

⑤合理轮换使用化学农药，避免红蜘蛛产生抗药性。

## 十、天牛类

主要有光肩星天牛、粒肩天牛、红缘亚天牛、薄翅锯天牛等，本书主讲粒肩天牛。

### 1. 为害特点

成虫食害嫩枝皮和叶；幼虫于枝干的皮下和木质部内蛀食，向下

蛀食，隧道内无粪屑，隔一定距离向外蛀一通气排粪屑孔，排出大量粪屑，削弱树势，重者枯死。

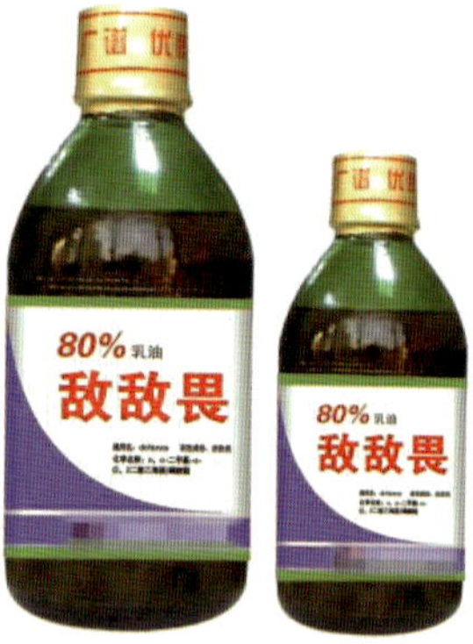


### 2. 防治方法

（1）果园内及附近最好不种植桑树，以减少虫源。

（2）结合修剪除掉虫枝，集中处理。

（3）成虫发生期及时捕杀成虫，消灭在产卵之前。

（4）成虫发生期结合防治其他害虫，喷洒48%毒死蜱1500倍液，枝干上要喷周到。

（5）成虫产卵盛期后挖卵和初龄幼虫。

（6）刺杀木质部内的幼虫，找到新鲜排粪孔用细铁丝插入，向下刺到隧道端，反复几次可刺死幼虫。

（7）毒杀幼虫：初龄幼虫可用敌敌畏、毒死蜱等乳油10～20倍液，涂抹产卵刻槽杀虫效果很好。蛀入木质部的幼虫可从新鲜排粪孔注入药液，如50%辛硫磷乳油10～20倍液或上述药剂，每孔最多注 10毫升药液，然后用湿泥封孔，杀虫效果很好。

## 十一、苹果小吉丁

苹果小吉丁又名苹果金蛀甲、串皮虫、扁头蚧虫、旋皮虫。

### 1. 为害特点

幼虫于枝干皮层内和皮下纵横蛀食，虫道内充满褐色

虫粪，常从蛀道裂口流出红色或黄色汁液，俗称流红油，被害部皮层枯死变黑褐色，重者皮层脱落而枯死。成虫食量甚微，食叶呈不规则缺刻。

## 2. 防治方法

（1）成虫发生期清晨震落捕杀成虫，树下铺塑料薄膜便于集中，隔3 ~ 5天震1次，效果较好，此法经济、简便、易行。

（2）成虫羽化前及时清除死树、枯枝，消灭其内虫体减少虫源。

（3）果树休眠期刮粗翘皮，特别主干、主枝的粗皮可消灭部分越冬幼虫。

（4）加强综合管理增强树势，避免产生伤口和日灼，可减轻发生；保护啄木鸟和寄生性天敌，发挥它们的自然控制作用。

（5）成虫羽化初期枝干上涂刷果树常用药剂如毒死蜱乳油、敌敌畏乳油或菊酯类药剂或其复配药剂200 ~ 300倍液，触杀成虫效果良好，隔15天涂1次，连涂2 ~ 3次即可。

（6）成虫出树后产卵前树上喷洒80%敌敌畏乳油1500倍液、20%速灭杀丁乳油2000～3000倍液，毒杀成虫效果良好，隔15天喷1次，喷2～3次即可。

（7）幼虫为害处易于识别者，可用药剂涂抹被害部表皮，毒杀幼虫效果很好，可用80%敌敌畏20倍煤油液或80%敌敌畏乳油5～10倍液、48%毒死蜱乳油8～12倍液。⑧试用注干法。

## 十二、蚧类

### 1. 为害特点

雌成虫、若虫刺吸枝干、叶、果实的汁液，轻则树势削弱，重则枯死。

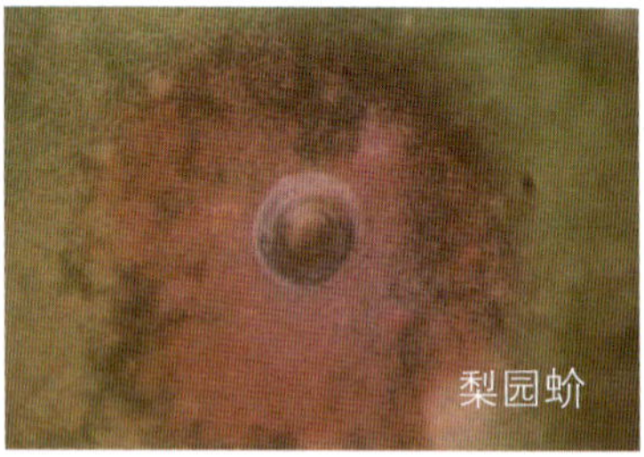


### 2. 防治方法

（1）调运苗木、接穗和砧木要加强检疫，防止传播蔓延。

（2）注意保护和引放天敌。

（3）初发生的果园常是点片发生，彻底剪除有虫枝烧毁或人工刷抹有虫枝，以铲除虫源。

（4）发芽前喷洒含油量5%的柴油乳剂或黏土柴油乳剂，如混用化学农药(常用浓度)杀虫效果更好；喷洒5 度石硫合剂有一定效果。虫口密度大的枝干喷药前应刷擦虫体，利于药剂渗入可提高杀虫效果。

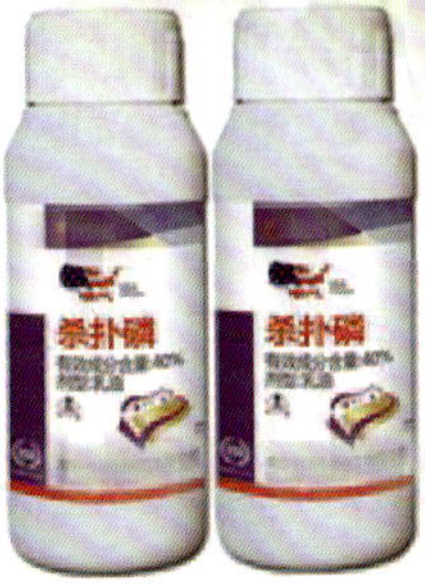


（5）若虫分散转移期分泌蜡粉介壳之前，药剂防治较为有利，为提高杀虫效果，药液里最好混入0.1%～0.2%的洗衣粉。

可用药剂：①菊酯类：2.5%敌杀死或功夫乳油或20%灭扫利乳油4000～5000倍液、20%速灭杀丁乳油3000～4000倍液、10%氯氰菊酯乳油1000～2000倍液。②有机磷杀虫剂：40%毒死蜱或乐果乳油1000～1500倍液、40%杀扑磷乳油1000倍液。上述药剂均有良好效果，如同含油量0.3%～0.5%柴油乳剂或黏土柴油乳剂混用，对已开始分泌蜡粉介壳的若虫也有很好杀伤作用，可延长防治适期提高防效。

（6）为害期结合防治其他吸汁性害虫，可采用内吸杀虫剂涂干包扎，可用吡虫啉或乐果或啶虫脒等20～50倍液有良好效果。喷洒时可适量加入有机硅增加药效。

## 十三、苹果棉蚜

苹果棉蚜又名赤蚜、血色蚜、棉蚜、白毛虫。

### 1. 为害特点

成虫、若虫群集枝干、新梢及根部刺吸汁液，被害部皮层肿胀渐成瘿瘤，后期破裂成伤口，削弱树势，重者枯死。尚可为害果实，多于梗、萼凹处。

### 2. 防治方法

（1）严格检疫，杜绝传播。

（2）果树休眠期刮粗翘皮和伤疤，然后涂药泥浆（可用90%敌百虫或50%久效磷乳油等1份加黄土和水各30～60份制成）。③发芽前喷洒含油量5%的矿物油乳剂。④生育期树上药剂防治，参考绣线菊蚜，如能混合含油量0.5%的矿物油乳剂效果更好。⑤根部施药，多在4～5月进行，将于周半径1m内的土扒开露根，可撒5%辛硫磷或呋喃丹颗粒剂、2.5%乐果粉剂、5%丁硫克百威颗粒剂等，每株撒1～2kg，然后覆土踏实石灰根部棉蚜。⑥保护引放天敌。

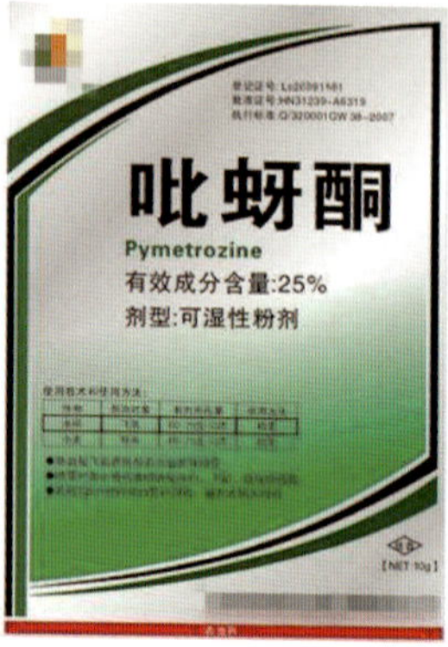

## 十四、桃蛀螟

桃蛀螟又名桃蠹、桃斑蛀螟，俗称蛀心虫、食心虫，属鳞翅目，螟蛾科。此虫分布较广，在中国长江流域及其以南各地区均有分布。桃蛀螟除为害桃、苹果、梨、李、梅、板栗、核桃、杏、柿、无花果、荔枝、龙眼、芒果、木菠萝、石榴、枇杷、山楂等果树的果实外，还可为害向日葵、玉米、高粱等。

### 1. 为害特点

初孵幼虫啃食花丝或果皮，随即蛀入果内，食掉果内子粒及隔膜，同时排出黑褐色粒状粪便，堆集或悬挂于蛀孔部位，遇雨从虫孔渗出黄褐色汁液，引起果实腐烂。幼虫一般从花或果的萼筒、果与果、果与叶、果与枝的接触处钻入。

### 2. 防治方法

（1）清除越冬幼虫：在每年4月中旬，越冬幼虫化蛹前，清除玉米、向日葵等寄主植物的残体，并刮除苹果、梨、桃等果树翘皮、集中烧毁，减少虫源。

（2）果实套袋：在套袋前结合防治其他病虫害喷药1次，消灭早期桃蛀螟所产的卵。

（3）诱杀成虫：在桃园内点黑光灯或用糖、醋液诱杀成虫，可结合诱杀梨小食心虫进行。

（4）拾毁落果和摘除虫果，消灭果内幼虫。

（5）喷药防治：不套袋的果园，要掌握第一、二代成虫产卵高峰期喷药。2%甲维盐乳油2000倍液或用BT乳剂600倍液，或2%阿维菌素乳油2500～3000倍液，或2.5%功夫乳油3000倍液。

## 十五、茶翅蝽

**防治方法：**使用灭杀毙乳油4000倍液喷雾防治，或用2.5%保得乳油3000倍液喷雾防治，或用50%辛氰乳油3000倍液喷雾防治，或用20%增效氯氰乳油3000倍液喷雾防治，或用功夫菊酯乳油3000倍液喷雾防治。

## 十六、柑橘小实蝇

### 1. 危害

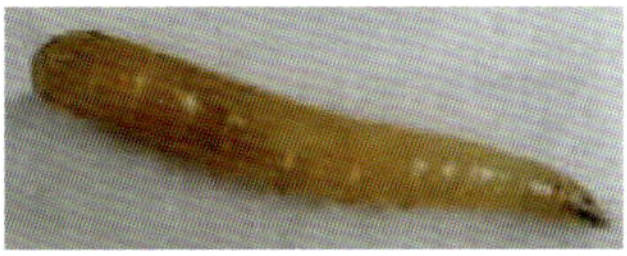

柑橘小实蝇是国家检疫性虫害。其成虫产卵在幼果中，卵发育成幼虫而蛀食果肉。使果实出现未熟先黄，黄中带红，最后腐烂过早脱落。

### 2. 防治方法

（1）人工防治。随时捡拾虫害落果，摘除树上的虫害果一并烧毁或投入粪池沤浸。但切勿浅埋，以免害虫仍能羽化。

（2）诱杀成虫。红糖毒饵：在90%敌百虫的1000倍液中，加3%红糖制得毒饵喷洒于树冠浓密荫蔽处。隔5天1次，连续3～4次。

（3）地面施药。于实蝇幼虫入土化蛹或成虫羽化的始盛期用50%马拉硫磷乳油，或40%毒死蜱乳油500倍液喷洒果园地面，每隔7天左右1次，连续2～3次。

## 十七、蓟马

### 1. 危害特点

以锉吸式口器吸取叶片和花器的汁液，常隐藏在卷叶内危害，使叶片出现黄白色小斑，或焦黄卷曲。

### 2. 发生规律

1年发生多代，花蓟马主要危害花。成虫行动活泼，怕阳光，有很强的趋花性。中温高湿有利于花蓟马的繁殖。

### 3. 防治方法

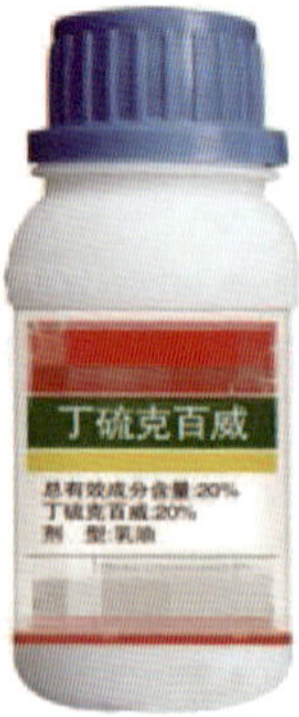


（1）生物防治：1.8%害极灭乳油；1%灭虫灵（7051杀虫素）乳油。

（2）化学防治：10%吡虫啉可湿性粉剂；40%乐斯本乳油。

# 苹果病害

## 一、苹果褐斑病

苹果褐斑病又称绿缘褐斑病。

### 1. 症状

主要为害叶片，也能侵染果实、叶柄。叶片染病，初发生地树冠下部和内膛叶片上，初现直径0.2～0.5mm褐色小点，单生或数个连生，后扩展为三种不同类型的病斑。

（1）同心轮纹型。发病初期，叶面现黄褐色小点，渐扩大为圆形，直径10～25mm，病斑中心暗褐色，四周黄色，具绿色晕圈，病部中央产生许多肉眼可见轮纹状排列的小黑粒点，即病菌分生孢子盘；病斑背面中央深褐色，四周浅褐色，有时老病斑的中央灰白色。国光、青香蕉和白龙等多属这一类型。

（2）针芒型。病斑小，呈针芒放射状向外扩展，无固定形状，微隆起，这是

病原菌分枝的黑色菌素。后期叶片渐黄，病部周围及背部仍保持绿褐色。病斑较轮纹斑小。沙果、山荆子、海棠等多属这一类型。

（3）混合型。病斑暗褐色，较大，近圆形或不规则形，其上散生黑色小点，但不呈明显的轮纹状；后期病斑中央灰白色，边缘仍保持绿色，有时病斑边缘呈针芒状。红玉、金冠、元帅、红星、祝光等多属这种症状。三种类型的共同特点是后期病部中央变黄，但周围仍保持绿色晕圈，且病叶易早期脱落，尤其是风雨之后病叶常大量脱落，病叶黄化脱落的原因是由于病菌分泌毒素刺激叶柄基部提前形成了离层细胞。果实染病，初生淡褐色小点，渐扩大呈圆形或不规则形，边缘清晰，褐色，稍下陷，直径6～12mm，表面散生具光泽的黑色小粒点，即病菌分生孢子盘。病部表皮下果肉褐色，组织坏死不深，呈海绵状干腐。晚熟品种青香蕉、国光等的果实受害较多。叶柄染病，产生黑褐色长圆形病斑，致输导作有受阻，常致叶片枯死。

### 2. 防治方法

（1）加强栽培管理，增强树势，提高树体抗病力。土壤黏重或地下水位高的果园要注意拓水，保持适宜的土壤含水量；合理修剪，使树冠通风透光，以减轻病害发生。

（2）清除越冬菌源。秋末冬初清除落叶，集中烧毁。

（3）药剂防治。可用40%福星（氟硅唑）乳油8000倍液、25%丙环唑乳油5000倍液，或30%苯醚甲·丙环乳油5000倍液，或80%大生M-45可湿性粉剂800倍液，40%甲基硫菌灵（甲基托布津）悬浮剂1500倍液、70%代森锰锌可湿性粉剂500～600倍液、50%混杀硫悬浮剂500～600倍液、50%扑海因可湿性粉剂1000～1500倍液、10%宝丽安可湿性粉剂1000～1500倍液、64%杀毒矾可湿性粉剂500～600倍液、70%甲基硫菌灵超微可湿性粉剂1000倍液。喷药时间可根据发病期确定。一般可在花后结合防治白粉病或食心虫时喷第一次药，以后隔20天1次，连续防治3～4次。

（4）加强贮藏期管理，入窖前严格剔除病果，控制好窑内温度与湿度。

## 二、苹果轮纹病

苹果轮纹病又称粗皮病、黑腐病、水烂病、烂果病、轮纹褐病或疣状粗皮病。

### 1. 症状

主要为害枝干和果实，叶片受害较少。枝干染病，多以皮孔为中心，产生水渍状暗褐色小斑点，渐扩大，质地变得坚硬，中心突起，边缘龟裂，病、健部产生裂缝并逐渐加深，病组织有时可翘起脱落。刮去患病组织后，在树皮内侧可见黑色坏死点；病情严重的可深达木质部，并使叶脉间褪绿，枝条节间变短，先端枯死。翌年，病斑

中间产生黑色黏粒点即病菌分生孢子器。病斑互相连接，使表皮变得粗糙，故称粗皮病。果实染病，多在近成熟期或贮藏期，以皮孔为中心，初期产生褐色水渍状小斑点，近圆形，小斑点迅速扩展，呈淡褐色或褐色，具同心轮纹，不下陷。病斑发展迅速，条件适宜时数天内可全果腐烂，病部溢出茶褐色黏液，并发现酸臭气味，此为诊断轮纹病的重要特征。后期病斑中心表皮下逐渐产生黑色小粒点，即病菌分生孢子器。病果腐烂多汁，失水后变为黑色僵果，致使某些品种，如金冠等丰产不丰收。叶片染病，产生褐色圆形或不规则形病斑，具同心轮纹，直径0.5～1.5cm，后渐变为灰白色并长出许多黑色小粒点，即病菌分生孢子器，严重时干枯早落。

## 2. 防治方法

（1）选栽抗病品种和抗病砧木，培育无病苗木。如新红星、国光等品种抗病性强。抗性强的砧木有圆叶海棠等。

（2）加强栽培管理，增施有机肥。

（3）清除初侵染源。冬季刮除树上粗皮，集中销毁，并用5%菌毒清水剂100倍液涂抹，此外也可用50%甲基硫菌灵可湿性粉剂：福美胂：水=2：1：100。

（4）刮治病部。从3月开始及时刮治病疤，刮后用402抗菌剂50倍液、75%酒精或1%硫酸铜消毒伤口。

（5）生长季节从5月下旬开始喷洒70%甲基硫菌灵超微可湿性粉剂1000倍液+40%三乙膦酸铝1000倍液或50%多菌灵可湿性粉剂1000倍液+90%三乙膦酸铝1000倍液、50%甲基硫菌灵可湿性粉剂800倍液、40%多菌灵悬浮剂700倍液、77%可杀得可湿性微粒粉剂500倍液、40%福星（氟硅唑）乳油8000倍液、25%丙环唑乳油5000倍液，或30%苯醚甲·丙环乳油5000倍液，或80%大生M-45可湿性粉剂800倍液。有条件的还可使用$2\times10^7$个/ml 芽孢杆菌，5月下旬、6月中旬、7月中旬各一次，防效较好，使果面光洁，果锈明显减轻，果实硬度增强，失水程度大为降低。

（6）果实套袋。落花后一个月内套袋，每果一袋。红色品种可于采收前1个星期去除袋子，以利着色。（7）加强贮藏期管理。入库或入窖前严格剔除病果，控制温度、湿度，发现病果，及时捡出处理，以减少病害发生，尤以低温贮藏防病效果好，低于5℃基本不发病。

## 三、苹果斑点落叶病

### 1. 症状

苹果斑点落叶病又称褐纹病。主要为害叶片，尤其是展叶20天内的幼嫩叶片；还可为害叶柄、一年生枝条和果实。叶片染病，初发于5月上旬，初现直径2～3mm褐色圆形病斑，后病斑逐渐增多或扩大，形成5～6mm的红褐色病斑，边缘紫褐色，中央常具一深色小点或同心轮纹。天气潮湿时，病部正反面无长出墨绿色至黑色霉状物，即病菌分生孢子梗和分生孢子。后期灰斑病菌的分生孢子器二次寄生于病斑上，使病斑中央变为灰褐色至灰白色，有的病斑破裂或穿孔。遇高温多雨季节，病斑迅速扩大，呈不整形，病叶部分或大部变褐。发病严重的幼叶由于生长受阻，往往扭曲变形，全叶干枯。夏秋季节，病菌可侵染叶病。叶柄染病，在徒长枝或一年生枝上产生褐色或灰褐色病斑，芽周变黑，凹陷坏死，直径2～6mm，边缘裂开。轻度发

病枝条只皮孔裂开。果实染病，产生黑点型、疮痂型、斑点型和果点褐变型4种，其中斑点型最常见。初期多在幼果果面上产生黑色发亮的小斑点或锈斑；6月中旬至8月上旬被侵染的果实呈褐色瘡病状，直径2～3mm，有时可达5mm，并易在病健交界处开裂；近成熟的果实多为褐色病斑。贮藏期病果在低温下病斑扩大或缓慢腐烂，遇高温时，易受二次生菌侵染致果实腐烂。

### 2. 防治方法

（1）选用抗病品种。如红富士及富士系、元帅系和乔纳金等。

（2）秋末冬初剪除病枝，清除落叶，集中烧毁，以减少初

侵染源。

（3）加强栽培管理。夏季剪除徒长枝，减少后期侵染源；改善果园通透性，低洼地、水位高的果园注意排水。合理施肥，增强树势，提高抗病力。

（4）封锁疫区，禁止采集带病接穗和购买带病苗木。

（5）药剂防治。从发病前（5月中旬左右落花后）开始喷40%福星（氟硅唑）乳油8000倍液、25%丙环唑乳油5000倍液，或30%苯醚甲·丙环乳油5000倍液，或80%大生M-45可湿性粉剂800倍液，50%速克灵可湿性粉剂2000倍液、36%甲基硫菌灵悬浮剂500～600倍液；生产上可交替使用，隔10～20天一次，共防3～4次。各地应根据发病时期和气候条件确定喷药次数和时间，云南、贵州、四川4月中旬开始用药，5月上旬至6月上旬至7月上旬喷3次药，7月上中旬防1次即可。

## 四、苹果轮斑病

### 1. 症状

苹果轮斑病又称大斑病、大星病、褐星病。主要为害叶片，也可侵染果实。叶片染病，主要侵染嫩叶，病斑多集中在叶缘。病斑初期为褐色至黑褐色圆形小斑点，后扩大，叶缘的病斑呈半圆形，叶片中部的病斑呈圆形或近圆形，淡褐色且有明显轮纹，病斑较大，直径0.5～1.5cm。老病斑中央部分呈灰褐至灰白色，其上散生黑色小粒点，病斑常破裂或穿孔。高温潮湿时，病斑背面长出黑色霉状物，即病菌分季孢子梗和分生孢子。果实染病，病斑黑色，病部软化。轮斑病菌的寄生性很弱，常从伤害部位或灰斑、病平病斑上侵入为害。

### 2. 防治方法

（1）发病初期开始喷洒40%福星（氟硅唑）乳油8000倍液、25%丙环唑乳油5000倍液，或30%苯醚甲·丙环乳油5000倍液，或80%大生M-45可湿性粉剂800倍液，或50%扑海因可湿性粉剂1000倍液，也可两药交替使用。

（2）其他方法参见褐斑病的防治方法。

## 五、苹果锈病

### 1. 症状

苹果锈病又称赤星病、羊胡子、羊毛疔、苹桧锈病。

主要为害幼叶、叶柄、新梢及幼果等幼嫩绿色组织，还可为害转主寄主桧柏。叶片染病，初在叶面产生油亮的橘红色小圆点，直径1～2mm，后病斑逐渐扩大，中央色渐深，外围较浅，中央长出许多黑色小点，即病菌性孢子器，并可形成性孢子及分泌黏液，黏液逐渐干枯，性孢子

则变黑；后病部变厚变硬，叶背隆起，长出许多丛生的黄褐色毛状物，即病菌锈孢子器。内含大量褐色粉末状锈孢子，叶柄染病，病部纺锤形橙黄色稍隆起。上面着生孢子器及锈孢子器。新梢染病，初与叶柄受害相似，后期病部凹陷，龟裂，易折断。幼果染病，多在萼洼附近产生圆形橙黄色斑点，直径1厘米左右，后期病斑变为褐色，中央是生性子器，而锈子腔则长在病斑周围。锈菌只侵染桧柏的小枝，染病后，在小枝一侧环落小枝形成半球形成球形瘿瘤，直径3～5mm；瘿瘤初平坦，后中心部略隆起，破裂，露出冬孢子角。冬孢子角深褐色，起伏作鸡冠状，遇阴雨连绵则吸水膨大，呈胶质花瓣状。

### 2. 防治方法

（1）彻底清除距果园5公里以内的转主寄主——针叶型桧柏，以切断侵染循环。

（2）控制冬孢子萌发。早春剪除桧柏上的菌瘿并集中烧毁或喷药抑制冬孢子萌发。春季前在桧柏上喷洒波美3度石硫合剂或0.3%五氯酚钠或两药混合后喷洒。秋季也可喷15%氟硅酸（907）乳剂300倍液保护桧柏，防止锈病侵染。

（3）喷药保护。花前、花后各喷一次50%甲基硫菌灵（甲基托布津）可湿性粉剂600～700倍液或940%福星（氟硅唑）乳油8000倍液，25%丙环唑乳油5000倍液，或30%苯醚甲·丙环乳油5000倍液，或80%大生M-45可湿性粉剂800倍液，隔10～15天1次，连续防治2～3次。

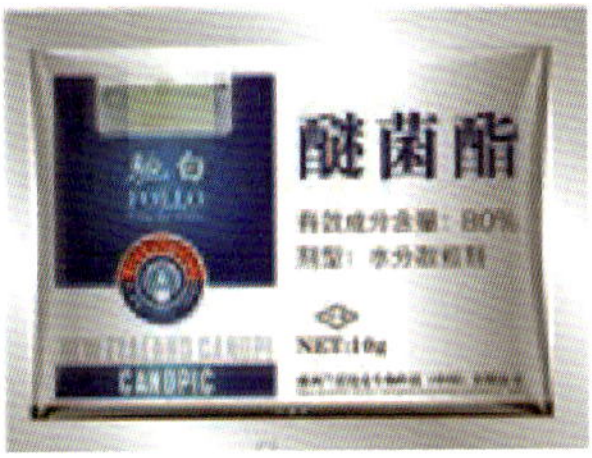

## 六、苹果黑星病

### 1. 症状

苹果黑星病又称疮痂病。主要为害叶片或果实，还可为害叶柄、果柄、花芽、花器及新梢。从落花期到苹果成

熟期均可为害。叶片染病，初现黄绿色圆形或放射状病斑，后变为褐色至黑色，直径3～6mm；上生一层黑褐色绒毛状霉，即病菌分生孢子梗及分生孢子。发病后期，多数病斑连在一起，致叶片扭曲变畸。嫩叶染病，表现呈粗糙羽毛状， 中间产生黑霉或病斑，周围健全组织变厚，致病斑上凸，背面形成环状凹入。受害严重时叶变小，变厚，呈卷缩或扭曲状。叶柄上的病斑呈黑色长条状，果实染病，初生淡绿色斑点，圆形或椭圆形，渐变褐色至黑色，表面也产生黑色绒状霉层，病斑逐渐凹陷，硬化，常发生星状开裂，后期病斑上长腐生菌即土粉色的粉霉菌和浅粉色的镰刀菌。幼果染病常致畸形。嫩梢染病，形成黑褐色长圆形病斑，凹陷，在高杆品种上，有时形成泡肿状。花器染病，花瓣褪色，萼片尖端病斑呈灰色，花梗变黑色，形成环切时造成花和幼果脱落。

## 2. 防治方法

（1）发病严生果园选栽抗病品种。

（2）加强植物检疫。严格执行检疫制度，谨防带病苗木、接穗和果实从病区传入无病区。

（3）清除初侵染源。秋末冬初彻底清除落叶、病果，集中烧毁或深埋。或在地面喷洒0.5%二硝基邻甲酚钠或4：4：100的波尔多液，以杀死病叶内的子囊孢子。

（4）喷药保护。喷药时期最为关键。早熟品种（如黄太平）于3月中旬开花期开始喷洒40%福星（氟硅唑）乳油8000倍液、25%丙环唑乳油5000倍液，或30%苯醚甲·丙环乳油5000倍液，或80%大生M-45可湿性粉剂800倍液，也可用77%可杀得可湿性微粒粉剂500倍液或70%代森锰锌可湿性粉剂500倍液、50%苯菌灵可湿性粉剂1500倍液、70%甲基硫菌灵超微可湿性粉剂1000倍液、64%杀毒矾可湿性粉剂400～600倍液、50%多菌灵可湿性粉剂800倍液。

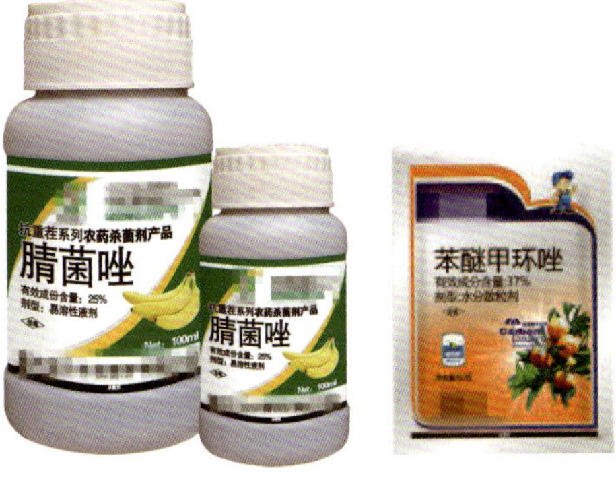

## 七、苹果白粉病

### 1. 症状

主要为害幼苗或苹果树的嫩梢、叶片，也可为害芽、花及幼果。嫩梢染病，生长受抑制，节间缩短，其上着生的叶片变得狭长或不开张，变硬变脆，叶缘上卷，初期表面被覆白色粉状物，后期逐渐变为褐色，并在叶背的叶脉、支脉、叶柄及新梢上产生成堆的小黑点，即病菌闭囊壳。严重的整个枝梢枯死。叶片染病，叶背初现稀疏白粉，即病原菌菌丝、分季孢子梗和分生孢子。新叶略呈紫色，皱缩畸形。后期白色粉层逐渐蔓延到叶正反两面，叶正面色泽浓淡不均，叶背产生白粉状漏斑，病叶变得狭长，边缘呈波状皱缩或叶片凹凸不平；严重时，病叶自叶尖或叶缘逐渐变褐，最后全叶干枯脱落。芽受害，呈灰褐色或暗褐色，瘦长尖细，鳞片松散，上部不能合拢而成刷状，表面茸毛少，严重受害的干枯死亡。春季病芽萌动后，生长迟缓，不易展开。花芽受害。轻者花瓣变为淡绿色，变细变长，萼片、花梗畸形；雌雄芯丧失授粉或受精能力，最后也干枯死亡；严重的花蕾萎缩枯死。幼果受害，多发生在萼的附近，萼洼处产

生白色粉斑，病部变硬，果实长大后白粉脱落，形成网状锈斑。变硬的组织后期形成裂口或裂纹。果梗受害，幼果萎缩早落，一般果实受害较少。

### 2. 防治方法

（1）发病严重果园选用抗病品种，如红富士、金冠、元帅等。

（2）消灭菌源。结合冬剪尽量剪除病梢、病芽；早春复剪，剪掉新发病的枝梢、病芽，集中烧毁或深埋，以降低菌源，防止分季孢子传播。

（3）加强栽培管理。采用配方施肥技术，增施有机肥，避免偏施氮肥，增施磷、钾肥；合理密植，控制灌水。

（4）发芽前喷洒3～5度石硫合剂，发芽后发病很轻。春季于发病初期，喷40%甲基硫菌灵悬浮剂1500倍液或70%甲基硫菌灵超微可湿性粉剂1000倍液、40%福星（氟硅唑）乳油8000倍液、25%丙环唑乳油5000倍液、30%苯醚甲·丙环乳油5000倍液，或80%大生M-45可湿性粉剂800倍液，25%敌力脱乳油4000倍液、30%超微多菌灵可湿性粉剂1000倍液，10～20天一次，共3～4次。

## 八、苹果花腐病

### 1. 症状

主要为害花、叶、幼果及嫩梢，花和幼果发病重。叶片染病，初在叶片中脉两侧叶尖或叶缘出现浸润状褐色斑或不规则形小斑点，扩展后形成红褐色不规则形病斑，多沿脉从上向下蔓延至病叶基部，致叶片萎蔫下垂或腐烂，形成叶腐。遇雨或空气湿度大时，病斑上产生灰霉，即病菌的分生孢子和分生孢子梗。花染病，染病叶片在花丛中发病时，常蔓延到叶柄基部，这时菌丝从花丛基部侵入，致花梗染病变褐或腐烂，病花或花蕾萎垂形成花腐。果实染病，系病原菌由花器柱头入侵后，蔓延到胚囊内经子房壁侵入果实表面，当果实长至豆粒大小时，病果果面现水浸状溢有褐色黏液的褐斑。常产生发酵气味，严重的幼果

果肉变褐腐烂，造成果腐。失水后形成僵果。叶腐、花腐或果腐蔓延至新梢后，致新梢产生褐色溃疡斑，当病斑绕枝一周时，致病部以上枝条枯死，造成枝腐。

## 2. 防治方法

（1）加强栽培管理，合理整形修剪，保持良好的通透性；增施有机肥以增强树势，提高抗病力。苹果各品种间合理搭配，避免大面积栽植单一品种。

（2）秋末冬初，结合清园彻底清除树上树下病果、病枝及病叶，集中烧毁。冬季深翻土地，特别是树盘周围，或于子囊盘萌发时地面喷洒硝石灰，每亩100kg，抑制初侵染源的形成。

（3）在苹果开花期进行人工辅助授粉，预防果腐。

（4）于萌芽前喷波美5度石硫合剂，生长期40%嘧霉胺悬浮剂600倍液，75%百菌清可湿性粉剂600倍液，40%福星（氟硅唑）乳油8000倍液、25%丙环唑乳油5000倍液，或30%苯醚甲·丙环乳油5000倍液，或80%大生M-45可湿性粉剂800倍液，64%杀毒矾可湿性粉剂400~500倍液、50%代森铵水剂700~800倍液、77%可杀得可湿性微粒粉剂500倍液。

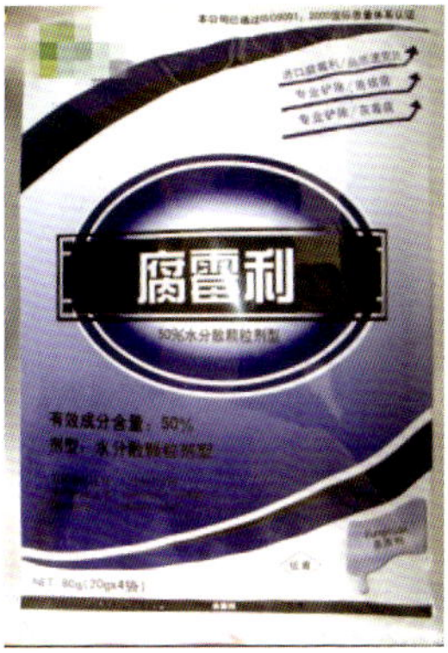

## 九、苹果牛眼烂果病

### 1. 症状

苹果牛眼烂果病又称灰霉病。主要为害果实，也可为害叶片及嫩枝。果实染病，未成熟果实受害重，果皮呈灰白色至灰褐色水渍状病斑，不凹陷，后扩大变为黄褐色并软腐，空气潮湿时表面生灰色霉层，即病菌分生孢子梗和分生孢子，严重时引致全果腐烂。后期病果上可产生不规则形黑色菌核。叶片染病，产生褐色斑点，渐扩大，表面生少灰霉；嫩枝染病，能引起腐烂，上面着生叶片常早期脱落。

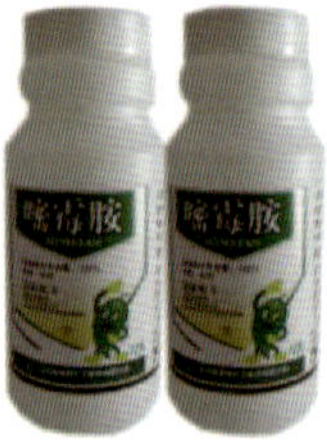

### 2. 防治方法

（1）加强栽培管理。低洼积水地注意排水，合理修剪，增强通透性，降低湿度。

（2）消灭初侵染源。秋末冬初结合修剪，除掉病残枝、叶及落地病果，集中销毁。

（3）药剂防治。发病初期开始喷洒505速克灵可湿性粉剂1500～2000倍液或50%扑海因可湿性粉剂1500倍液、40%嘧霉胺悬浮剂600倍液、75%百菌清可湿性粉剂600倍液，50%农利灵（乙烯菌核利）可湿性粉剂1000～1500倍液、40%甲基硫菌灵悬浮剂1500倍液、65%抗霉灵（硫菌·霉威）可湿性粉剂1500倍液、50%多霉灵（万霉灵）可湿性粉剂1500～2000倍液，隔10天左右1次，共防3～4次。

## 十、苹果青霉病

### 1. 症状

苹果青霉病又称水烂病。为害近成熟或成熟期的果实，发病初期，果实局部腐烂，果面出现淡黄色或淡褐色圆形水渍状病斑，成圆锥状深入果肉，条件适宜时病部扩展迅速，10余天即全果腐烂。湿度大时，病斑表面产生小

瘤状霉块，菌丝初白色，后变为青绿色粉状物，即病菌分生孢子梗和分生孢子，易随气流扩散。腐烂的果肉具强烈的霉味。

### 2. 防治方法

（1）防止碰伤果皮，减少伤口。青霉病菌多从伤口侵入，因此在果实采摘、堆放、分级、搬运及贮藏过程中，要尽量避免碰伤、刺伤、挤压果实，造成伤口。如发现伤果，及时拣出处理。

（2）贮藏库保持清洁卫生。入库前进行果库消毒；贮藏期间，控制库内温度，保持在1～2℃范围内；经常检查，发现烂果及时拣除。

（3）药剂处理。苹果采收后，用45%咪鲜胺乳油2000倍液，50%甲基硫菌灵、50%多菌灵可湿性粉剂1000倍液等药液浸泡5分钟，然后再贮藏，有一定的防效。

（4）采用单果包装。包装纸上可喷洒仲丁胺300倍液或其他挥发性杀菌剂。

## 十一、苹果褐腐病

### 1. 症状

苹果褐腐病又称菌核病。主要为害果实，也可侵染花和果枝。该病主要为害近成熟的果实，是苹果生长后期和贮藏及运输期重要病害。发病初期产生淡褐色水渍状圆形小病斑，后病部迅速扩展，10℃经10天全果腐烂，高温时

腐烂更快，0℃病菌仍可扩展。受害果失去香味，组织松软呈海绵状，略具弹性，病部常产生灰白色至灰褐色小绒球状突起的霉丛——即病菌的菌丝团，呈同心轮状排列。病果多早期脱落，少数形成黑色僵果残留于树上，贮藏期间，病果呈现特异的蓝黑色斑块，花和果枝受害发生萎蔫或褐色溃疡。

### 2. 防治方法

（1）秋末冬初结合清园彻底清除树上与树下的病果及僵果，以减少侵染源。

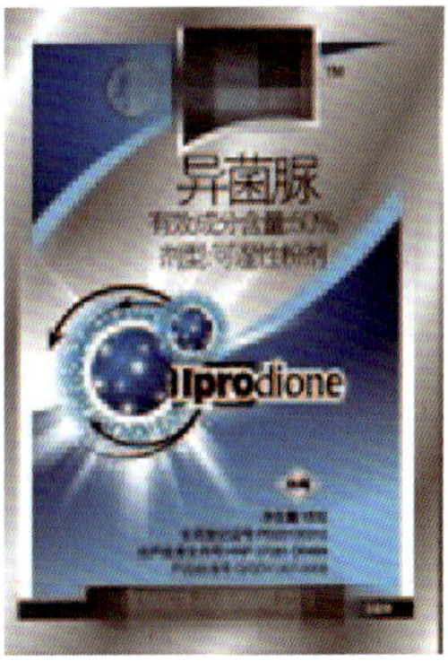


（2）采收时严格剔除伤果、病虫果，防止果实挤压碰撞，减少伤口。贮藏库温度最好保持在1～2℃，相对湿度90%；贮藏期间

定期检查，及时处理病、伤果，以减少传染和损失。

（3）在花前、花后及果实成熟时各喷一次40%嘧霉胺悬浮剂600倍液，75%百菌清可湿性粉剂600倍液，80%大生M-45可湿性粉剂800倍液，64%杀毒矾可湿性粉剂400~500倍液，或70%甲基硫菌灵超微可湿性粉剂1000~1200倍液、50%苯菌灵可湿性粉剂1500倍液、40%多菌灵悬浮剂500~600倍液、40%甲基硫菌灵悬浮剂800倍液、50%农利灵(乙烯菌核利)可湿性粉剂1000倍液、50%多霉灵(万霉灵)可湿性粉剂1500~2000倍液。也可在花前喷洒波美3~5度石硫合剂。

## 十二、苹果蝇粪病和煤污病

### 1. 症状

两病均发生在苹果果皮外部，影响果实外观，降低食用和经济价值。苹果蝇粪病又称污点病，在果面形成由十数个或数十个小黑点组成的斑块，黑点光亮而稍隆起，小黑点之间由无色菌丝沟通，形似蝇粪便，用手难以擦去，也不易自行脱落。苹果煤污病在果面产生棕褐色或深褐色污斑，边缘不明显，似煤斑，菌丝层很薄用手易擦去，常沿雨水下流方向发病，农民称之为“水锈”。苹果蝇粪病和煤污病常混合发生，症状复杂，不易区分。但常见症状为：果皮表生黑色菌丝，上生小黑点，即病菌分生孢子器或菌核；小黑点组成大小不等的圆形病斑，病斑处果粉消失。必要时可通过镜检病原菌进行区别。

### 2. 防治方法

①加强栽培管理。果园要开沟排涝，合理修剪，增强通透性，降低果园湿度，清除园内杂草。②药剂防治。可用77%可杀得可湿性微粒粉剂500倍液、60%琥·乙膦铝可湿性粉剂500倍液、75%百菌清可湿性粉剂600倍液、70%甲基硫菌灵超微可湿性粉剂1000倍液、80%大生M-45可湿性粉剂800倍液，64%杀毒矾可湿性粉剂400～500倍液、50%农利灵(乙烯菌核利)可湿性粉剂1200倍液、50%苯菌灵可湿性粉剂1500倍液，一般果园可结合炭疽病、褐斑病、轮纹病等一起防治。在降雨量多、雨露日多，通风不良的山沟果园应防治3～5次。

## 十三、苹果炭疽病

### 1. 症状

苹果炭疽病又称晚腐病。主要为害果实，也可为害枝干或果台等。果实染病，初在果面现针头大小的淡褐色圆形小斑，边缘清晰。病斑渐扩大。呈漏斗状深入果肉，果向变褐腐烂，具苦味，最后表皮下陷，当病斑直径扩大到1～2厘米时，病斑中心长出大量轮纹状排列、隆起的黑色小粒点，即病菌分生孢子盘。如遇雨季成天气潮湿

溢出绯红色黏液分生孢子团。一个病斑常可扩展到果面的1/3～1/2。病果上的病斑数枚不等。从数个到数十个。多者可至上百个，但只有少数病斑扩大。其余的停留在1～2mm大小。呈暗褐色稍凹陷斑。病斑可融合。最后全果腐烂，大多脱落，也有的形成僵果留于树上。成为翌年初侵染的主要来源。枝条染病，多发生于老弱枝、病虫枝及枯死枝。初在表皮形成深褐色，不规则形病斑，逐渐扩大。后病部溃烂龟裂，木质部外露，病斑表面也产生黑色小粒点。严重时病部以上枝条全部枯死。果台染病。病部深褐色，自顶部出上向下蔓延、严重者副梢不能抽出。果实采收后，在包装、运输及贮藏过程中，如温湿度条件适宜，带菌果实陆续发病，造成果实大量腐烂。

### 2. 防治方法

（1）发病严重地区，栽植抗病品种。

（2）加强栽培管理，增强树势。增施有机肥，合理修剪，及时中耕锄草，及时排水，降低果园湿度。

（3）彻底清除病源。结合修剪，去除病僵果，剪除干枯枝、病虫枝，刮除病皮，摘除未形成分生孢子盘的初发病果，集中深埋或烧毁。

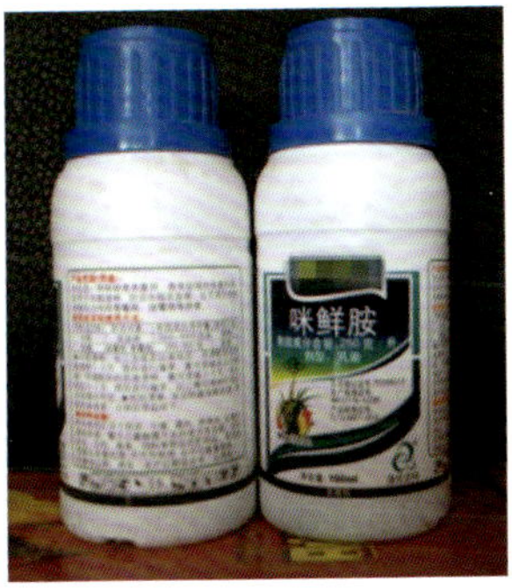


（4）喷铲除剂：果树发芽前喷5度石硫合剂，以铲除树体上宿存的病菌。

（5）药剂防治：主要是幼果期防治。落花后每隔半月喷一次75%百菌清可湿性粉剂600倍液，40%福星（氟硅唑）乳油8000倍液、25%丙环唑乳油5000倍液，或30%苯醚甲·丙环乳油5000倍液，或80%大生M-45可湿性粉剂800倍液，50%多菌灵可湿性粉剂1000倍液、2%抗霉菌素(农抗120)水剂200倍液。

（6）加强贮藏期管理。入库前剔除病果，注意控制库内温度，特别是贮藏后期温度升高时，应加强检查，及时剔除病果。

## 十四、苹果疫腐病

### 1. 症状

苹果疫腐病又称颈腐病。主要为害果实、枝的根颈部及叶片，果实染病，果面形成不规则，深浅不匀的褐斑，边缘不清晰，呈水渍状，致果皮果肉分离，果肉褐变或腐烂，湿度大时病部生有白色棉毛状菌丝体，病果初呈皮球

状，有弹性的失水干缩或脱落。苗木或成树根颈部染病。皮层出现暗褐色腐烂，多不规则，严重的烂至木质部，致病部以上枝条发育变绿，叶色淡，叶小，秋后叶片提前变红紫色，落叶早，当病斑绕树干一周时，全树叶片凋萎或干枯。叶片染病，初呈水渍状，后形成灰色或暗褐色不规则形病斑，湿度大时，全叶腐烂。

### 2. 防治方法

（1）选栽抗病品种。

（2）加强栽培管理，及时疏果，摘除病果及病叶，集中深埋或烧毁。

（3）及时疏除过密枝条、下垂枝，改善通风透光条件。

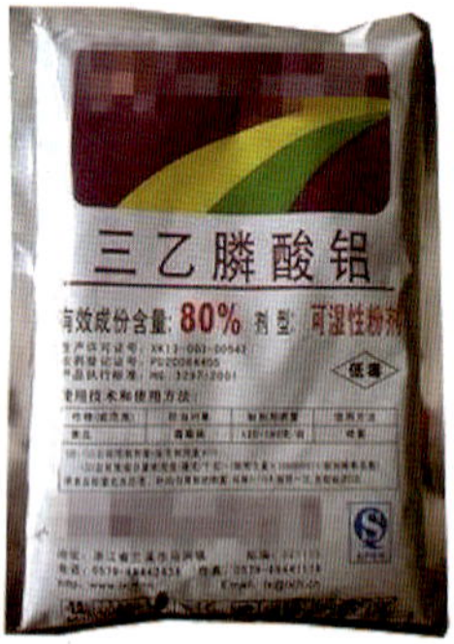


（4）树冠下覆盖地膜或覆草，可防止土壤中的病菌溅射到果实上，发病重的苹果园不要与菜间作，以减少发病条件。

（5）及时刮治病疤，对根颈部

发病的，要在春季扒土晾晒病部，后刮除病组织，涂沫843康复剂或90%三乙膦酸铝可湿性粉剂300倍液，或波美3度石硫合剂，再把草木灰拌入土中混匀填平，病斑大的可采用桥接法，同时增施有机肥，增强树势，减轻发病。

（6）把装有粗制硫酸铜的麻袋或编织袋，放在灌水渠上游，能有效地防治该病发生。

（7）发病重的果园，可于落花后喷64%杀毒矾可湿性粉剂500倍液或58%甲霜灵·锰锌可湿性粉剂1000倍液、90%三乙膦酸铝可湿性粉剂600倍液、1：2：200倍式波尔多液，可保护树冠下部的叶和果实。必要时还可用40%霜疫灵（三乙膦酸铝）可湿性粉剂200倍液或25%甲霜灵（瑞毒霉）可湿性粉剂800倍液+90%复硝酚钠原粉1000倍液灌根，防效明显提高。

## 十五、苹果黑点病

### 1. 症状

苹果黑点病主要为害果实，影响外观和食用价值。枝

梢和叶片也可受害。果实染病，初围绕皮孔出现深褐色至黑褐色或墨绿色病斑，病斑大小汪，小的似针尖状，大的直径5毫米左右，病斑形状不规则稍凹陷，病部皮下果实有苦味不深达果内，后期病斑上有小黑点，即病原菌子座或分生孢子器。

### 2. 防治方法

（1）及时清除病残体并捡拾落果，集中深埋或烧毁。

（2）苹果落花后10～20天及20～30天分两次喷洒50%苯菌灵可湿性粉剂1500倍液或36%甲基硫菌灵悬浮剂600倍液、75%百菌清可湿性粉剂600倍液，40%福星（氟硅唑）乳油8000倍液、25%丙环唑乳油5000倍液，或30%苯醚甲·丙环乳油5000倍液，或80%大生M-45可湿性粉剂800倍液，70%甲基硫菌灵超微可湿性粉剂1000倍液、60%防霉宝可湿性粉剂800～1000倍液。

## 十六、苹果树腐烂病

### 1. 症状

苹果树腐烂病又称臭皮病、烂皮病。主要为害十年以上结果树的主干和主枝，此外还可为害小枝、幼树和果实。枝干受害可分为溃疡型和枝枯型两种类型，一般多为溃疡型。溃疡型是夏季衰弱树或冬春季发病盛期形成的典型症状。发病前期，从枝干外表不易识别，若揭开枝干

表皮，可见红褐色至暗褐色湿润的小斑或黄褐色干斑。春季，病部外观呈红褐色，微隆起，圆形或长圆形，现出水渍状病斑，质地松软，手压易凹陷，流出黄褐色或红褐色汁液，带有酒糟味。后期病部失水干缩，下陷，病健分界处产生裂缝，病皮变为暗色，发病后一个月，病部表现长出许多疣状的黑色小粒点，即病菌子座，内含分生孢子器和子囊壳。雨后或天气潮湿时，孢子器内的胶状物吸水膨胀，并涌出金黄色线状卷须，即孢子角，遇水后消散。当病斑扩大环切整个树干时，致病部以上树干或大枝枯死。夏秋季，主要在当年开成的落皮层上产生红褐色稍湿润的表面溃疡，边缘不整齐，指甲大小至长宽达几十厘米的大斑，病部表皮糟烂、松软，一般有2～3mm深，底层被木栓层所限或斑斑点点局部深入；后期病斑停止扩展，变干饼状稍凹陷，病健部交界处有隆起的线纹，有的还可形成子实体。晚秋初冬，表现溃疡内的菌丝穿透木栓层向内层扩展，形成红褐色至咖啡色坏死点，湿润，上覆白色菌丝团。冬季继续扩展，导致大块树皮腐烂。枝枯型：春季发生在2～5年生小枝上或树势极度衰弱的树上，边缘不明显，病部不隆起，不呈水渍状，染病枝迅速失水，干枯，当发展到环枝干一周时，全枝乃至整株逐渐死亡，重病树枝叶不茂，并呈现结果特多的异常现象。后期，病部产生很多小黑粒点，即病菌子座及分生孢子器。果实染病，初呈圆形或不规则形的红褐色轮纹，边缘清晰，以黄褐色或红褐色深浅交替轮纹状向果心发展，病组织软腐，带有酒糟味，后期病斑中部散生或聚生大而突出果皮的小黑粒点，有的略呈轮状排列，小粒点周围有时带有灰白色的菌丝层，表皮易剥离，湿度大或遇雨水时，也可从孢子器内挤射出橘黄色的丝状孢子角。

## 2. 防治方法

（1）加强栽培管理，增强树势，提高树抗病力。这是防治腐烂病的重要环节，包括五个方面：一是采用配方施肥技术合理施肥。果园土壤的有机质含量应保持

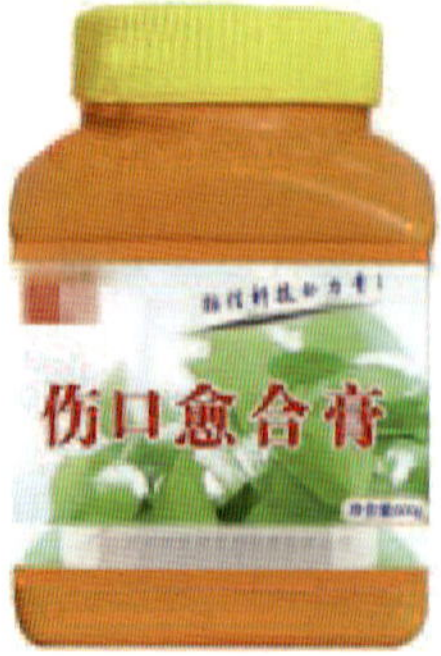


在1%以上。冬季按斤果斤肥原则重施有机底肥。合理施用氮、磷、钾肥。每50kg果施氮：磷：钾为0.7：0.3：0.7。同时注意根外追肥，增施土杂肥、圈肥和绿肥，必要时在苹果花前20天前后，每株苹果树树干用高压树干注射器注入磷酸二

氢钾3g加尿素1.5g加葡萄糖2g加水200mL，对短果枝、叶片具明显增大增厚作用，坐果率增加，增强树势，防止腐烂病发生。二是严格疏花疏果，使树体负载适宜，杜绝大小年结果现象。三是树干涂白防止冻害发生。特别是冬季易发生日灼的地区，初冬落叶后树干涂白。涂白剂配方：生石灰6kg：波美20度石硫合剂1kg：食盐1kg：清水18kg。其中加入2两动物油可防上涂白剂过早脱落。四是尽量减少各种伤口；避免修剪过度，禁止严冬修剪，修剪的伤口应涂油漆，及时防治害虫，五是防止早春干旱和雨季积水，这样可使树体含水量正常，降低病菌抗扩展能力，加快伤口愈合。

（2）清除病残体，减少初侵染源。结合冬季清园，认真刮除树干老皮、干皮，剪除病枝及田间残留病果，集中烧毁或深埋。

（3）及时治疗病疤。主要有刮治和划道涂治。刮治和涂治的病疤易重犯，主要原因是木质部带菌，病菌在木质部上可存活5年，前3年致病力强，所以刮治和涂治要深达木质部并连续进行3～5年，最少3年。刮治是将病斑坏死组织彻底刮除，并刮掉病皮四周的一些好皮。涂治是将病部用刀纵向划0.5cm宽的痕迹，然后于病部周围健康组织1cm处划痕封锁病菌以防扩展。刮皮或划痕后可涂抹5%菌毒清水剂100倍液、腐必治（用沸水冲开做母液，之后稀释20倍涂抹）、2%农抗120的20倍液（划涂治用10倍液）、灭腐灵原液、腐必清原液、50%退菌特可湿性粉剂50倍液、无毒高脂膜10～20倍液、70%甲基硫菌灵可湿性粉剂30倍液、843康复剂、油胂剂（水：柴油：洗衣粉：福美胂=2：0.5：0.05：0.1）、30%甲基硫菌灵糊剂。

（4）重刮皮。5～9月份，以5～6月最好，用锋利的刀子将病部全部刮皮，露出白绿或黄白色皮层为止，不要触及形成层，皮层中若有坏死斑也一律刮除。重刮皮可将多年积累的各种类型病变组织和侵染点彻底清除，不需要化学药剂保护，且可刺激树体产生愈伤组织，增强抗病力。

（5）抹泥法。春季用树冠下面的泥土抹于病斑上，厚度3cm以上，然后用塑料花布扎住，可使病原菌失去活性。

（6）对主干、主枝上的较大病斑，进行桥接或脚接，可恢复树势。

## 苹果全年周期病虫害防治历

| 防治时间 | 防治对象 | 防治措施 | 注意事项 |
| --- | --- | --- | --- |
| 1～3月份（休眠期） | 枝干轮纹病、干腐病、腐烂、瘤蚜、棉蚜、红蜘蛛、金纹细蛾、斑叶螨（白蜘蛛） | 喷施：石硫合剂或腐必清，大清园 | 清理消灭其病虫害越冬，白蜘蛛的果园外的野麦、芥菜、旋花等杂草3月底前彻底消灭 |
| 4月上旬（苹果发芽期） | 腐烂病、轮纹病等枝干病害、小叶病、缩果病 | 1. 可杀得2000喷雾900～1100倍<br>2. 硫酸锌20～30倍液 | 初花期喷一次金云大～120有利于提高坐果率及增强抗病、抗冻能力，幼果期、膨果期喷一次美施乐，采收前后各喷一次效果更好，上年花叶、小叶、锈果病发生的植株，在发芽前和幼果各喷一次锌达灵+金钙宝或金云大～120+植病灵 |
| 4月中旬5月初（苹果花前、花后） | 棉蚜、瘤蚜 | 镇蚜、云大啶虫脒 | |
| | 根腐病类 | （可杀得2000）500～600倍或多菌类600倍液浇灌根际周围 | |
| | 潜叶蛾、卷叶蛾类 | 蛾宁、除尽亩用33～～50ml喷雾<br>蛾宁1000～1500倍液 | |
| 5月份 | 红蜘蛛、二斑叶螨（白蜘蛛） | 平螨除尽 | 苹果轮纹病、霉心病、防治关键期1. 苹果谢花后套袋前下雨前必须喷云生进行保护，雨后治疗预防性杀菌用云生+多菌灵混配；2. 谢花后套袋前是果树对钙吸收最佳期，叶面喷补“美施乐+金云大～120”或金钙宝10天1次，连喷2～3次，以减少苦痘病、霉心病发生，穴施钙肥 |
| | 斑点落叶病、霉心病、小叶病 | 云生800～1000倍液或云生+多菌灵交替用 | |
| | 轮纹烂果病 | 云生+甲基硫菌灵 | |
| | 黄蚜 | 云大啶虫脒1200～2000倍液喷雾 | |

续表

| 防治时间 | 防治对象 | 防治措施 | 注意事项 |
|---|---|---|---|
| 6月上旬（麦收前10天左右） | 桃小食心虫、黄蚜、棉蚜 | 安治1500～2000倍液镇蚜+安治 | 苹果套袋前不能喷铜制剂，可喷最好、更安全的粉剂“云生”，选晴天用药，不能混配，药肥，套袋前必须叶面喷一次美施乐氨基酸高钙叶肥，同时此期是果实膨大期应及时追肥 |
| | 斑点落叶病、轮纹烂果病 | 云生600～800倍液70%甲基硫菌灵 | |
| 6月下旬～7月初 | 桃小食心虫、棉蚜 | 蛾宁1000～1500倍液安治1500～2000倍液 | |
| 7月上旬 | 黄蚜 | 云大啶虫脒微乳剂镇蚜 | 云大啶虫脒微乳剂特点：高效安全无果面污染，具触杀、内吸胃毒作用；除尽对螨类、棉铃虫、桃小食心虫有特效，防效期长达10～15天。此时期使用铜制剂避免高温用药 |
| | 棉铃虫、潜叶蛾 | 安治<br>蛾宁或除尽 | |
| | 红蜘蛛、二斑叶螨 | 平螨 | |
| 7月中旬 | 轮纹烂果病<br>斑点落叶病 | 云生600～800倍液<br>云生+百菌清 | 云生进口原药，以锌离子控制锰离子释放速度，避免了锰离子快速释放对作物产生药害这一目前最大难题，颗粒极细，黏着力强，防效好，安全，高效 |
| | 食心虫、棉蚜 | 安治1500倍液<br>尽胜 | |
| | 棉铃虫、卷叶蛾、潜叶蛾 | 蛾宁、除尽 | |
| 7月下旬～8月上中旬 | 斑点落叶病<br>轮纹烂果病 | 云生与扑海因交替使用 | 除尽、平螨、安治、蛾宁可防治潜叶蛾，毛虫、蚜虫等多种鳞翅目害虫，发生烂根树，可扒开土以后用可杀得2000浇灌 |
| | 红白蜘蛛 | 除尽、平螨 | |

续表

| 防治时间 | 防治对象 | 防治措施 | 注意事项 |
| --- | --- | --- | --- |
| 8月下旬~9月中旬 | 轮纹病、炭疽病、苦痘病及叶部病害 | 云生、好力克美施乐、金云大~120 | 采收前15天内补喷美施乐或金钙宝，以减少苦痘病发生且着色品种尽量不用波尔多。 |
| | 棉铃虫、食心虫、食叶虫 | 安治、蛾宁1500倍喷雾 | |
| 采收前 | 采收前落果（如元帅系） | 采收前30天各喷一次“全树果”，或20~30ppm萘乙酸+美施乐 | 防治落果，烂果，苦痘病，提高着色和品质。全树果既保花又保果，能防生理性落果。 |
| 落叶后 | 越冬病虫害及病源菌的为害 | 彻底清园，病叶、病枝、病果全园喷一次硫石合剂或成标 | 施足底肥，以有机无机复混肥为主，浇防冬水。 |

## 附：石硫合剂的熬制

石灰 ＋ 硫黄粉 ＋ 水——→多硫化钙（熬制）

1 ： 1.3 ： 13

8kg：10kg：100kg（兑水500kg）

4kg：5kg：50kg（兑水250kg）

1.6kg：2kg：20kg（兑水100kg）

**熬制过程**

先把水煮至60～70℃时加入稀释搅拌均匀的硫黄粉，边加热边搅拌，直至硫黄粉大部分溶解，再放入生石灰（此时需退火，因生石灰水解时放出大量热量，会造成硫黄水外溅）。待生石灰完全水解后加大火力，边熬边搅拌，熬至酱油色即可。

**注意事项**

（1）石硫合剂最好现熬现用，不能放置时间过长；不能使用铁制容器盛装石硫合剂，以免降低药效。

（2）选料：生石灰最好是出窑不久的块状优质生石灰；硫黄若是块状的需磨成粉粉。

# 参考文献


[1] 张永平. 苹果病虫害的识别与防治. 云南科技出版社.

[2] 怎样根据苹果树的生长结果状况进行经济施肥?［J］. 烟台果树，1988（01）.

[3] 张长俊. 苹果树的秋季施肥［J］. 河北林业，1999（06）.

[4] 邢联合. 苹果树秋冬管理七措施［J］. 农村科技开发，1997（09）.

[5] 吉生. 苹果树外旺内弱咋改造［N］. 山西科技报，2001.

[6] 青县科技局，孙健. 苹果树形选择与修剪［N］. 河北科技报，2004.

[7] 庆阳市林科所，郭连东. 苹果树的特殊修剪法［N］. 陇东报，2007.

[8] 郭发定. 苹果树怎样秋剪［N］. 山西科技报，2002.